了不起的我

自我发展的心理学

陈海贤——著

台海出版社

谨献给

我的父亲

你要走多少路，
才能成就你的了不起

我是一名心理咨询师，从业已经13年了。这些年，我陪伴我的来访者经历了很多人生的转变，走过了一段段艰难的时刻。

有些转变是因为外界环境变化，被动产生的。比如，结婚了、离婚了、毕业了、工作了、失业了、失恋了……突如其来的生活变动，需要他们的内心作出相应的调整。

有些转变则是来访者主动发起的。他们对自己或生活有着或多或少的不满，不想再这样继续下去。他们想减肥、想锻炼、想控制自己的脾气、想换个工作、想换种方式和家人相处、想开始或者结束一段关系……总之，他们想要换种活法，重新来过。

转变看似很容易。毕竟从出生到死亡，我们无时无刻不在经历。可是有意义的转变很难。当我们想要朝着某个方向前进时，总会遇到很多阻力。这种阻力不是来自外界，而是来自我们内心。就好像，理想中的自己是一个人，现实中的自己是另一个人；向往改变、突破的自己是一个人，阻碍改变、突破的自己是另一个人。

为什么会这样呢？因为我们内心与生俱来带有一些防御机制。这种防御机制让我们追求稳定和可控，排斥改变与发展，令我们想要转变的愿望和现实的行动形成强烈的冲突。很多时候，我们就在这样的冲突中半途而废，陷入停滞或者迷茫，找不到继续行动的方向。

两年前，在得到公司的会议室，罗振宇和脱不花问了我一个问题。他们说："在中国有这么多有上进心、有自我发展动力的人，他们有强烈的改变和发展自己的愿望，可为什么市面上没有一个好的心理学产品能够帮助人们不断实现转变、不断突破自我呢？"

我想了想说："这是因为转变是很复杂的，它涉及行为习惯、心智模型、人际关系、关键期的选择，以及人生发展阶段的方方面面。"

他们问："那你能不能来做呢？"

其实这正是我一直在做的事。从做咨询的那天起，我就经常思考，人们所面对的种种成长难题，有没有共同的心理根源？当人们想要转变时，阻碍他们的心理机制究竟是什么？而我又能提供哪些帮助他们转变的系统的工具和方法？

想到这些，我便欣然接受了这份挑战。

我吸收了行为科学、认知疗法、家庭治疗、积极心理学、精神分析和成人发展的诸多心理学理论，并将这些理论思想和自己的咨询经验进行了整合和应用，形成了一种全新的理论——自我发展心理学。

现在，这些思考的成果全都呈现在你眼前的这本书里。

这本书的名字叫《了不起的我》，这不是想鼓吹盲目自大或者自我中心，而是想提醒你，在深陷自我怀疑，或者身处逆境苦苦支撑的时候，不要忘了自己的潜力。

有些人是天生的人生赢家，很容易就有了别人梦寐以求的一切。这不是了不起，这只是幸运罢了。还有一些人，他们的每一点进步，都需要靠自己的努力奋斗得来。他们需要不断去面对和解决自我发展道路上的种种难题，努力让自己一天天变得更好。这是一种了不起，是我们每个人都可以拥有的了不起。

在这本书中，我会从行为的改变、思维的进化、关系的发展、走出人生瓶颈期和绘制人生地图五个方面，讲述我们终其一生会遇到的种种问题以及系统的解决办法。

它是一本离你很"近"的书。

这本书中的案例，大部分来源于我的来访者的真实经验（出于保护隐私的目的，我对一些信息做了改动），还有一部分来自我自己的切身体会。这种"近"，会让你很容易从中认出自己，因为这些问题是你日常都会碰到的问题。这虽然是本心理学的书，但它没什么门槛，你的经验就是理解它的入口。

同时，它是一本很"实"的书，为你提供了一整套行之有效的自我发展工具：

如果你被焦虑淹没，不知道该从什么事情做起，你可以用"小步子原理"提醒自己；

如果你总是担心失败，不敢行动，你可以用"奇迹提问"推动自己；

如果你总是在该工作、学习的时候娱乐，你可以用培养"环境场"来帮助自己；

……

如果你选择直面自我发展过程中的种种问题，并积极寻求改变，你就走在通往了不起的道路上了。在这条路上：

你会不断走出心理舒适区，创造新经验；

你的思维会从保守、僵固变得灵活而又进取；

你能够摆脱纠缠的关系，发展出主动、独立、为自我负责的新关系；

你会不断脱去自我的旧壳，并从中长出崭新的自我；

你会收获岁月和经历凝聚成的智慧，最终成为了不起的自己。

卡尔维诺（Calvino）曾经说过："世界先于人类而存在，而且会在人类之后继续存在，人类只是世界所拥有的一次机会，用来组织一些关于其自身信息的机会。"

对你来说也是如此。在你存在之前，这个世界就已经存在了。在你死后，世界还会继续存在。那你的存在有什么意义呢？也许是给世界一个机会，让世界通过你的自我发展，变得更好。别辜负了这次机会。

这本书脱胎于我在得到App上的"自我发展心理学"课程。在我写下这篇序言的时候，这门课程已经有10万用户。他们留下了38610条留言，课程文章被收藏了99464次，收听人次更是超过了500万次。很多人通过留言，表达了这门课程对他们的帮助。还有很多人说，因为这门课，他们的人生发生了积极的转变。

一位用户留言说，他以前是一个特别纠结的人，做什么决定都会瞻前顾后。自从学了"课题分离"的思考方式，他会有意识地去想什么是自己的事，什么是别人的事。他现在已经不再纠结别人的想法，能够专注地做好自己的事情了。

有一位用户留言说，听课程时，他正在犹豫要不要从一个不太有前途的地方国企离职，是课程的内容给了他职业转型的勇气和尝试的方法。现在，他已经在新公司找到了自己的位置。

还有一位企业高管对我说，他在听这门课的时候，正好结束了一段职业生涯，在寻找新的开始。在那段特殊的时期，他有很多的迷茫和困惑。于是会一遍遍听课程里关于转折期的内容。这些内容给了他勇气，帮助他走出了困境。

用户的反馈让我深深体会到自我发展心理学的价值，我希望更多的人能从这门学科中受益。

鲍勃·迪伦（Bob Dylan）曾写道："一个人要走过多少路，才能被称之为人。"

同样，在自我发展的道路上，你会经历很多的难，经受很多的苦，希望这本书能帮助你、陪伴你。

在路的前方，你会看到等着你的，是那个了不起的自己……

陈海贤

2019 年 9 月 29 日

目　录

第一章

开启行为
的改变

第二章

推动思维
的进化

第三章
发展关系中的自我

第四章

走出人生
的瓶颈

第五章
绘制人生
的地图

第一章

开启行为的改变

CHAPTER ONE

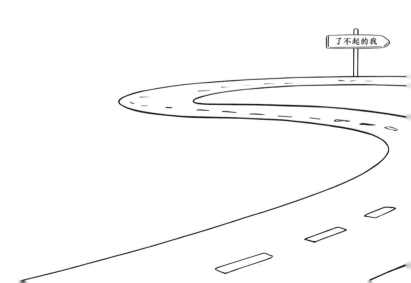

了不起的我

要实现自我发展，成为了不起的自己，你需要先开启行为的改变，因为行为是显性化的自我。自我发展的过程就是更具适应性的新行为替代旧行为，新习惯替代旧习惯的过程。

　　在这一章中，你会看到行为改变的种种困难。同时，你会学到如何运用书中的工具克服这些困难。一旦你开启了行为的改变，就迈出了自我发展坚实的一步。

改变之路：
每个人都有选择

改变的起点

作为一名心理咨询师，我一直致力于帮助我的来访者改变。我发现一个很有意思的现象，很多来访者是抱着改变的目的来咨询的，可是当我们真正开始探索改变的可能性时，这些来访者就会说："老师，我很痛苦，我渴望改变，但我没有选择。"

他们想要改变，可他们的思路却是证明改变很难。他们把问题归结于难以控制的环境、充满敌意的社会、世界的不公、自己无法改变的家庭和过去……这些宏大而深远的现实和过去笼罩在他们头上，让他们觉得自己不可能作出与现在不同的选择。他们因此停住了发展的脚步，在原地痛苦地徘徊。

从找困难转变为找方法，最关键的一步是意识到：你其实一直都有选择。认定自己没有选择，会把我们从灵活机动的人，变成无能为力的环境的牺牲品。这样，改变就真的不可能发生了。而我想告诉那些来访者，也是我想告诉你的第一件事是：**关于改变，你其实一直都有选择。**

拿回选择的控制权

当你告诉自己不行的时候，你已经作了选择；当你待在一个只能满足温饱、没什么前途的公司的时候，你已经作了选择；当你用拖延躲避工作压力的时候，你同样作了选择。改变是一种选择，不改变也是一种选择。你为自己不改变找的所有借口，比如没钱、没时间、太麻烦、没必要……统统都是你的选择。甚至连你告诉自己"我没有选择"，也是你的选择。

把对选择的控制权拿回到自己手中，这是开始发展与改变自我的前提。

但不可否认的是，当我们被"卡住"时，一定会陷入或轻或重的无力感中，除了停留在原地，似乎找不到更好的人生选项。这是为什么呢？

我认为，原因有两个。

第一，误以为只有按照理想状况作出选择，才算有选择；如果选项不够好，那就是没有选择。

头脑中的理想是治疗生活挫折的止痛剂，我们并不想轻易地放弃它。有时候，我们宁愿承认生活就是没有选择，也不愿意承认这一理想至少在当下并不现实。

因此，很多人说自己没有选择时，其实是说："这不是我想要的选择。"

其实，这是一种选择。选择服从头脑中的理想，而不是从当前的现实中寻找出路。换句话说，他们选择了"没有选择"。

可是，如果想要有所改变，我们就必须明白，选择要基于当前的现实，而不是头脑中的理想。我们要选择的，不是未来的结果，而是此时此地的行动。

如果你不那么喜欢现在做的工作，但是为了养活自己，没得选择，那这个想法的正确表述其实是：你不愿为喜欢的工作冒险，所以选择忍受一份自己不那么喜欢的工作。这是一种可以理解的选择，但你并非真的没有选择。至少养活自己的办法，绝对不止一种。

第二，不愿意承担对自己的责任。

表面上看，我们都希望有更多选择，实际上却经常逃避选择。因为有时候，强调有选择，并不是一件让人舒服的事情。它很容易让人想到：既然有选择，而我现在过得不好，是不是我的错？

讨论对错的思维方式通常假想了一个施害者和一个受害者。当我们觉得没选择时，是把自己放到了受害者的位置上，并借此把责任推卸给假想中的施害者。这样，我们的负罪感就减轻了很多。

在"没有选择"代表的指责抱怨和"有选择"代表的内疚自责之间，很多人宁可选择前者，因为这样痛苦会小得多。

可是，就算我们承认自己有选择，也不一定需要感到内疚或自责。

如果你的选择不是为了找一个原因，而是为了推动改变，那就需要换一种思维方式。不是思考"谁对谁错"，更不是一味责怪自己，而是思考"有用没用"。如果你强调自己受过去、环境和他人所限，没有选择，这对你的改变有什么帮助吗？没法改变，也许不是你的错，可是，谁要为最终的结果负责呢？还是你自己。

改变需要勇气

改变需要我们承担起对自己的责任，看清自己作出的选择。这对任何一个人而言，都不是轻松的事，它需要巨大的勇气。

斯科特·派克（Scott Peck）是美国著名的心理医生，他有一本很经典的书，叫《少有人走的路》。这样一位资深的心理医生，在面对改变时，都需要付出巨大的勇气和努力。在书里，他讲了一个自己的故事。

年轻时，因为责任心太强，他总是把工作日程表排得满满的。别的同事每天下午四点半就下班了，他却要接诊到晚上八九点。他的太太抱怨他回家晚，他也很疲惫，有很多怨言。

有一天，他去找自己的主任商量，问能否安排他几周不接待来访者。主任听完他的抱怨后，同情地说："哦，我看到你遇到麻烦了。"

他很感激地说："谢谢您，那您认为我该怎么办呢？"

主任又重复了一遍："我不是告诉你了嘛，你现在有麻烦了。"

派克医生很生气："是啊，我是有麻烦了，所以才来找您啊！您认为我该怎么办呢？"

主任却说："好好听我说，我只和你再讲一遍——我同意你的话，你现在确实有麻烦了。你的麻烦跟时间有关，而且是你的时间，不是我的时间，所以不是我的事。"

派克医生气得要命，觉得这个主任简直不可理喻。可是3个月后，他忽然意识到，主任说得没错。"我的时间是我的责任，如何安排时间应该由我自己负责。花更多的时间接待来访者，这是我自己选择的结果。"

那他当初为什么要找主任呢？也许是他想当一名认真负责，受领导赏识、来访者敬仰的心理咨询师，所以给自己加了工作。可是他又不想承担自己疲惫、妻子抱怨的责任。他处在这样的矛盾中，想要改变，却又放不下原来的那个理想。他找主任的时候，其实是想让主任替自己负责：你可是我的上司，我没有选择，只有你能帮我选择。

你看，一位训练有素的心理医生都会不自觉地把选择的责任推给别人，更何况没有受过训练的普通人。

所以，选择改变不是一件容易的事，它很难，要面对很多焦

虑，也需要勇气。可是，没有什么比走一条很难的路更能促进人
的自我发展了。

改变还需要自省

改变需要勇气，但只有勇气还不够，改变还需要自我反省的
能力。只有不断地审视自我，才能触发改变。

我有一位来访者，她的妈妈是一个非常焦虑的人，经常指责、
打骂她，给她带来了强烈的不安全感。可是，当她自己有女儿之
后，她也会经常指责女儿的种种不是。

有一天她对我哭诉："你知道吗，有时候我挺羡慕我妈妈
的。她有很多问题，但她的人格是完整的。她从来没觉得自己
有什么问题，都是别人有问题。而我读了很多书，受了很好的
教育，反而分裂成了两个人。一方面我很像她，另一方面我很
厌恶自己这样；一方面我在指责女儿，另一方面我在不停地指
责自己。"

我跟她说："你跟你妈妈不同的地方是有价值的，因为你有自
省。自省并不轻松，有时候还让人痛苦，可这正是改变的契机。"

所以，关于改变，每个人都有选择。这个选择，既需要勇气，
也需要自省。

据说，著名心理学家阿尔弗雷德·阿德勒（Alfred Adler）的
咨询室里放着一根三面柱。柱子的一面刻着"我很可怜"，另一

面刻着"别人很可恶",最后一面刻着"怎么办"。每次有来访者到他的咨询室里,他都会拿出这根三面柱,问来访者:你想谈什么呢?

如果你的面前也有一根三面柱,你会怎么回答呢?如果改变的路是一条既需要勇气,又需要自省的艰难的路,你还要走吗?

● 自我发展之问

回顾一个你正在经历或者曾经经历过的困难处境,比如,做一份自己不喜欢的工作,恭维一个自己不喜欢的人,或者违心地接受了一个很想拒绝的请求。然后思考:

你有哪些选择?你又作了哪些选择?

通过这样的选择,你获得了什么?又回避了什么?

当你作了某个选择以后,你有想过"我没有选择"吗?为什么?

改变的本质：
创造新经验

我们心里的"大象和骑象人"

我经常和人开玩笑说，我们对改变成功的经验虽然不多，但对改变失败，一定经验丰富得很。也许你也跟我一样，在每年跨年的时候，都会又憧憬又悔恨地对自己说：新年一定要不一样，要变成更好的自己！第二年、第三年……同样的计划塞满了抽屉，可它们仍然只是计划。

有一项医学调查显示，假如心内科医生告诉病情严重的心脏病患者，如果不改变个人生活习惯，比如吃得不健康、不运动、抽烟等，他们将必死无疑，但也只有1/7的人会真正改变自己的生活习惯。其余6/7的人是不想活了吗？当然不是。他们肯定也知道该怎么做，却依旧没法改变。

这是我们在改变中经常遇到的问题：我们心里有一个行为标

准，希望自己做到，却经常被现实打脸。好像我们心里有一个自己，现实却是另一个自己。有时候，我们明明很讨厌自己的某个行为，比如拖延，却怎么都改不了，这时心里就会有很多的内疚和自责，怪自己意志力薄弱，不够努力。

可是，指责自己并不能带来改变。相反，我们应该认真思考：为什么控制不住自己呢？

事实上，我们的躯体里就是有两个自我。一个是感性的自我，一个是理性的自我。区分这两个自我，理解他们之间的关系，对于我们理解改变，非常重要。

积极心理学家乔纳森·海特（Jonathan Haidt）曾用一个有趣的比喻来描述两个自我之间的关系。他说，人的情感就像一头大象，而理智就像一个骑象人。骑象人骑在大象背上，手里握着缰绳，好像在指挥大象。但事实上，和大象相比，他的力量微不足道。一旦和大象发生冲突——骑象人想往左，而大象想往右，那他通常是拗不过大象的。

对于改变而言，理智提供方向，情感提供动力。

如果人的理智想达成改变的目标，就需要了解情感这头大象的脾气和秉性，利用大象的特点，才能事半功倍。否则，改变将非常困难。

"经验"与"期待"的好处不同

那么，大象的脾气是怎样的呢？在我看来，大象有三个特点。

第一，它的力量大，一旦被激发，理智很难控制住它。

第二，它是受情感驱动的。它既容易被焦虑、恐惧等负面情绪驱动，也容易被爱、怜悯、同情、忠诚等积极的情绪驱动。所以，它既能成为改变的阻力，也能成为推动改变的动力。

第三，它是受被强化了的经验支配的。它只承认我们切实体会过的"经验的好处"，而不承认理智所构想的"期待的好处"。

大象的前两个特点比较好理解，我想重点解释的是大象的第三个特点：被经验的好处支配。这个特点与"改变为什么这么难"直接相关。

那么，什么是期待的好处，什么是经验的好处呢？

期待的好处是想象中的好处。比如，我们都能想到，每天早起跑步，会更有精神；不拖延，会更高效、更有成就感；坚持健康饮食，会让身体变得更好。但这些都是想象出来的，我们可能并没有深刻地体验过这种好处。相反，我们体验过睡懒觉时被窝的温暖、打游戏的快乐、胡吃海喝的感官刺激，这些都是经验的好处。

期待的好处是抽象的，而经验的好处是具体的；期待的好处发生在未来，而经验的好处发生在过去或者当下；期待的好处是被教导的，而经验的好处是能切身感受到的。

当期待的好处和经验的好处发生冲突时，虽然骑象人想要寻求期待的好处，他身下的大象却不由自主地转向了经验的好处。哪怕有时候，期待的好处要比经验的好处大得多。

大象为什么会被经验的好处支配呢？要理解大象的选择，我们不妨先来学习一下行为主义的一些知识。

操作行为主义的创始人伯勒斯·斯金纳（Burrhus Skinner）曾经设计过一个斯金纳箱，这个箱子里养着一群鸽子。鸽子最开始在箱子里漫无目的地迈步，可是，假如它做了某个特定的动作，比如用嘴啄了实验员画的一个圈，或者用脚踩了笼子里的杠杆，就可能会有食丸掉下来。几次以后，鸽子就会不断重复做这类动作，我们就可以说，鸽子的动作被食丸给强化了。如果给鸽子一个特定的刺激，比如亮红灯的时候啄圈不会掉落食丸，亮绿灯的时候才会掉，鸽子也能很快掌握这个规律。在这个实验里，灯光的颜色就是刺激，而鸽子做了动作以后出现的食丸就是强化。

人的某些行为也是依据这样的原理被塑造的。我们可以把强化看作是经验的好处，一旦我们的某个行为获得了好处，它就会被保留到经验里。哪怕我们没有意识到，它仍然会影响我们的行为。

强化不仅有正强化，还有负强化。正强化是一个人表现出某种行为时，获得了更多他想要的结果，从而让这种行为更巩固。比如，获得高额奖金会让一个人努力工作。而负强化是当一个人表现出某种行为时，他不想要的结果减少了，从而使这种行为更巩固了。比如，为了防止被扣奖金，一个人也会努力工作。我们可以这么理解，正强化的好处是"增加快乐"，而负强化的好处是"减少痛苦"。

大象之所以总是不由自主地转向经验的好处，是因为经验的好处会通过强化塑造我们的行为，让我们行为的改变变难。

举个例子。我接待过一位来访者，她当时大学刚毕业不久，在一个陌生的大城市工作。每天晚上下班，她都会搜寻当地有名的小吃店去吃东西，而且吃的时候总是控制不住自己，吃撑了都不能停下。她很苦恼，想要改变。

她告诉我，她所在的公司是一家世界五百强的大公司，工作压力很大，经常要加班到晚上八九点。加上她一个人租房子住，回去后屋子里空荡荡的，没什么意思，寻找美食就成了她唯一的娱乐方式。每天下班后，她都会坐上地铁，到某个人来人往的闹市区，找家小吃店，一边吃，一边看着熙熙攘攘的人群，感受闹市的烟火气。每次吃完，一想到要回那个空荡荡的屋子，她就跟自己说，不如再待一会儿，多吃一点，反正回去也没什么意思。结果吃着吃着就吃撑了。

你知道在这个例子中，引起行为的刺激是什么？是美食吗？并不是，是孤独。这个刺激是从她下班想到自己"回去后屋子里空荡荡"时就开始了。那么，与刺激相对应的行为是什么？不是吃，而是包括吃在内的挤地铁、到闹市区、看着人群并感觉烟火气这一系列行为。食物当然是一种强化，但重要的不是美味，而是寻找食物的过程、吃东西带来的感官刺激可以缓解独在异乡的压力和孤独感。她的大吃特吃，不仅是一种获得食物的正强化，更是一种通过吃来逃避孤独的负强化。这种负强化让她很难控制自己，作出改变。

说到孤独时，我看到她眼里有泪花，便知道我说的是对的。于是我对她说："人生已经如此艰难了，你不需要完全否定吃，这毕竟也是一种减压方法。最重要的是，你要找一个更健康的替代方式，比如跑步健身、参加读书俱乐部、跟朋友看电影等，用它们代替吃。"我建议她每周一三五去试验新方法，二四六用"吃"这个老方法，看看哪个感觉更好。最后，她找到了一家羽毛球俱乐部，还在那里认识了几个新朋友。慢慢地，她能够控制自己的饮食了。

改变失败的时候，责怪自己是没有用的，因为我们的行为并不是独立于环境而存在的。所谓的好处或者坏处，其实就是我们与环境交换信息、获得反馈的过程。刺激和强化就是我们与环境建立联系的方式。

了解了这一点，我们就能触及改变的本质了。

改变的本质，其实就是创造新经验，用新经验代替旧经验。创造新经验需要通过新的行为，获得新的反馈、新的强化，并切身体验到它。切身体验的经验，信息浓度是非常高的，这跟听来、看来的道理很不一样。如果只有想象中的期待，而没有新行为带来的新经验，改变就很难发生。

这样看来，改变似乎并不难，只要创造新经验，并不断强化它就好了。不过，事情并没有这么简单。

● 自我发展之问

找一个你最想改变的目标，比如早睡早起、减肥健身、学习、提高工作效率或者更自如地与异性交往等。然后思考：

你的目标有哪些"期待的好处"？又有哪些"经验的好处"在妨碍你作出改变？

如果要让改变发生，你需要积累哪些"经验的好处"？怎样才能获得它们？

心理舒适区：
摆脱旧经验

为什么旧经验根深蒂固

改变的本质是创造新经验，并通过强化把新经验转化成新的习惯。这看起来很简单，在真实生活中却很难做到。为什么？因为旧经验太过牢固。要摆脱旧经验的束缚，我们就必须理解它的工作原理。

旧经验根深蒂固的最重要的心理机制是：心理舒适区。

平时我们常说，要走出心理舒适区，但它究竟是什么呢？

你可能会想，心理舒适区不就是舒适的环境嘛。比如，有人在小城市找了一份稳定安逸的工作，虽然没有太大的成就感，但是比较舒适，久而久之，就不想再面对困难、挑战自己了。我们说，这个人就处在心理舒适区。

但这其实是对心理舒适区的误解。心理舒适区并不一定意味着舒适。

我们都认同外面的环境要比监狱里舒适，但电影《肖申克的救赎》里的老布可不这么觉得。他被关押了50年，几乎在监狱里耗尽了一生的光阴。当他获知自己即将刑满释放时，不但没有满心欢喜，反而差点精神崩溃。因为他已经熟悉监狱了，离不开监狱。为此，老布不惜举刀杀人，以求在监狱里继续服刑。再一次出狱的时候，他甚至选择了自杀。监狱虽然不舒服，但它是老布的心理舒适区。

从老布的例子中可以看出，有时候，人们即使处于很痛苦、很艰难的环境中，仍然不愿意改变，这也是一种心理舒适区，因为人们熟悉它。

那么，心理舒适区意味着熟悉的环境吗？其实也不是。我有个朋友，有一段时间觉得自己过得不太好，希望能有所改变，想换个环境，去国外读书。毕竟，生活遇到瓶颈，换个环境重新开始，是很多人都会有的想法。他来问我的意见，我对他说："出国长长见识是挺好的，可是改变熟悉的环境并不意味着你就能改变。"我见过一些人，换个地方、换份工作，马上就有脱胎换骨的变化。我也见过很多人，去过很多国家，在很多地方待过，却一直没什么变化。因为每个人都带着自己长长的过去，这些长长的过去不在环境里，而在我们的头脑里，在我们的所思所想中，在我们和环境的互动中。

所以，真正的心理舒适区不是熟悉的环境，而是我们熟悉的

应对环境的固有方式。走出熟悉的环境，并不意味着走出了心理
舒适区。只有改变应对方式，才是真正走出了心理舒适区。

那么，什么是应对方式呢？就是指我们怎么处理生活中那些
困难的事情。

具体地说，应对方式有两层含义。第一层是行为上的应对，
就是对具体事情的反应。比如遇到危险时，选择战斗还是逃跑；
工作中遇到困难的任务时，选择解决问题还是拖延。第二层是内
心情绪上的应对。比如，妈妈带孩子去动物园看狮子，孩子看见
狮子都会感到害怕。A小孩哭着说"妈妈我要回家"；B小孩一言
不发，但是腿在瑟瑟发抖；C小孩看了一会儿后，问妈妈："我能
冲它吐唾沫吗？"其实，这三个孩子都害怕狮子，但他们应对害
怕情绪的方式不一样。这就是应对方式的不同。

心理舒适区带来控制感

心理舒适区到底有什么好处，让人欲罢不能，明明想要改变，
却总是改变不了呢？

简单来说，它能带来的最大好处是控制感。

控制感是每个人的基本需要，也是安全感的来源。我们大部
分的应对方式，最初都是用来应对焦虑情绪的。越是感受到威胁、
焦虑，就越需要控制感，人就越容易抓着已有的应对方式不放。
而走出心理舒适区意味着，我们放下了以前用来应对焦虑的武器，

重新面对焦虑，寻找新的适应办法。这是情感的大象很难忍受的。所以，对焦虑感的回避和对控制感的需要，经常会让大象重新回到它所熟悉的应对方式上来，这也给行为的改变带来了巨大的困难。

曾经有一个来访者因为焦虑找到了我。她刚刚结婚，丈夫之前在国外深造，为此他们异地了6年。丈夫回国后选择到上海工作，她就从原来工作的城市搬到了上海。

可她开始纠结，自己是应该回到原来的城市，还是继续随丈夫留在上海。她一直觉得自己纠结的是工作的问题，我们就开始讨论她的职业生涯。可是讨论着讨论着，我发现，她留在上海发展的机会和前景比待在原来的城市都好，她也很认同这一点。我就问她："你为什么想要回去呢？"她叹了口气，说："我担心先生跟我离婚。"

我问她："你和先生关系不好吗？"她说不是，她和先生很恩爱。

我又问："你们的生活有什么困难吗？"她说一切都很好，可就是感到不安。

后来，我们聊到了她的成长经历。原来，她从小和父母聚少离多，父母忙着做生意，经常不在家。她印象最深刻的一个场景是，有一次她坐在家门口，孤孤单单地等着在县城里做生意的父母回家。那时，家门口墙角边的两朵牵牛花开了。她就一直看着那两朵牵牛花，直到天一点点黑下来，花都看不见了，父母还没有回来。类似的情况还有很多。

我叹了口气，问她："这种场景是不是很难适应？后来你是怎么应对这种分离的呢？"

她淡淡地说："我也不知道，可能就是习惯了吧。"

可我知道，这是很让人焦虑的场景，如果不是发展出一种特别的应对方式，她没法习惯。

后来她读大学，交了男朋友。别人总觉得异地恋不靠谱，她却很适应。其实那时候，她心里想的是：反正有一天他会离开的。

但爱情最终战胜了时间和距离，如今男朋友学成回国，他们结婚了。可当两人真正在一起时，她却开始感到不安，开始纠结要不要回原来的城市，重新开始分居的生活。而且，她的头脑里发生了巧妙的置换，让她以为自己纠结的不是爱情，而是哪个城市更有利于职业发展。

聊了她的成长经历后，我问她，现在的生活哪里让她感觉不安，她说："生活好是好，可谁知将来会发生什么不好的事，会彻底破坏现在的一切。"

这个来访者在成长经历中发展出来的应对方式是：不对关系抱有期望，随时准备离开，过一个人的生活。这种应对方式不适用于两个人在一起的生活，而适用于处理两个人不在一起时产生的分离焦虑。现在，为了配合这种应对方式，她宁愿选择两地分居的生活。因为这种方式她最熟悉，能让她有控制感、安全感。即使她没有意识到自己的应对方式，还是按着这个方式在走。

这是心理舒适区最特别的地方：人不是根据现在的生活去选择合适的应对方式，而会根据熟悉的应对方式来建构现在的生活。

明明生活已经有了改变，我们却坚持它还是原来那样，由于我们熟悉原来的应对方式，就牢牢地抓着它不放。慢慢地，我们所害怕的事，就真的发生了。这是很多悲剧的来源。

就像这位女士，明明生活已经不需要她这么焦虑了，她却还在为分离作准备。而且，她会根据熟悉的应对方式，给爱人分配角色——会抛弃"我"的人。如果她的爱人也用类似的应对方式会怎么样呢？他很容易把她的纠结解读成要离开的信号，他也会为分离作准备，避免自己受伤害。这样，分离的焦虑就会变成现实，两个人会越行越远。

幸运的是，丈夫对他们两人的关系很有安全感。他觉得两地分居的生活根本不是常态，两个人要在一起。这也是丈夫的心理舒适区。所以，他包容了她的不安。

为了逐渐改变她的应对方式，有一次，我把她丈夫一起请到咨询室，我们一起给她的焦虑取了个名字，叫"小闹铃"。当妻子再感到不安、想要离开时，她就会说："我的小闹铃又响了。"丈夫会轻轻拧妻子的耳朵，假装把它关掉。最终，妻子决定留在上海。

离开咨询室的时候，她跟我说："陈老师，不止感情，以前，任何好的东西，工作、荣誉、生活，我都不敢要。哪怕得到了，也会觉得不安，觉得不是我的。现在，我慢慢开始不那么想了。"

　　觉得自己配不上好的东西，这也是一种心理舒适区。她开始走出这个心理舒适区，用新的应对方式生活。虽然这并不能保证她和丈夫以后一定不会分离——没人能做这样的担保，但新的应对方式能够让她享受现有的幸福和快乐，并从中积累新的经验。这就是改变的意义。

　　通过这个案例，我们可以知道，心理舒适区的本质是熟悉的应对方式带来的控制感，是这个控制感让我们难以改变。这也是我们在行为上难以摆脱旧经验、接纳新经验的最关键原因。

● 自我发展之问

　　什么是当前最让你感到焦虑的事？你用了什么样的应对方式来处理这种焦虑？

　　如果你朝着自己的目标改变了，你会有什么新的焦虑？你准备如何应对这种新焦虑？

心理免疫的X光片:
看清心中的恐惧

照出心中的爱与怕

很多时候,我们对改变有一种本能似的直觉,认为改变很简单:如果我们想要改变某一行为,只要做跟它相反的事就可以了。如果爱拖延,就想办法勤快一些;如果总迟到,就制订早起计划;如果脾气大,就学着对人礼貌和善。如果做不到,不是我们的意志力有缺陷,就是我们不懂方式方法。

可是,从心理舒适区的角度看待这个问题,你就会发现事情没那么简单。有时候,你没法改变,不是因为你不知道方法,而是因为你不了解自己。你已经发展出一套习惯的应对方式,而改变却要求你放弃它,去用另一套应对方式。这时候,你需要面对内心真实的爱和怕,需要改变自己的思维方式,走出自己的心理舒适区,获得新的经验,迎来真正的改变。

那我们怎么知道那头情绪的大象心里的爱和怕呢？马语者可以跟马说话，有没有象语者能把大象的爱与怕翻译出来呢？就像画一张地图一样，把阻碍我们改变的心理舒适区清晰地画出来。如果能这样做，骑象人就知道该采取什么样的应对措施了。

实际上，还真有一种工具可以做到，它叫作"心理免疫的X光片"。这是哈佛大学研究成人发展的心理学家罗伯特·凯根（Robert Kegan）发明的。为什么叫"心理免疫的X光片"呢？凯根认为，就像人有一套生理免疫系统，可以排斥不属于身体的微生物一样，人的心理也有一套免疫系统，它会排斥我们采取新的行为方式，以此来维持心理结构的平衡和稳定。心理免疫系统的本质是一套焦虑控制系统。当我们用新的行为方式行事时，心理免疫系统会让我们感到焦虑。为了避免焦虑，我们就用回了老办法——这和心理舒适区的概念很像。

凯根认为，心理免疫系统体现在每一个阻碍改变的行动中。为了了解在每一个具体的行为背后，心理免疫系统是怎样维持现有行为、阻止人发生改变的，凯根发明了心理免疫的X光片。之所以叫X光片，意思是说，它能像X光片一样，把我们心里真正怕的东西照出来。它到底是什么样的东西呢？其实是一张四栏表。接下来，你可以跟下文故事的主人公一起画一张你自己的X光片。

画出心理免疫的X光片

在画X光片之前，我先介绍故事的主人公——艾米。

艾米刚从大学毕业不久，在一家互联网公司工作。这家公司经常开会，讨论产品的设计和方向。艾米是一个很有想法的人，可是她总是不好意思在会上说出自己的想法。就算好不容易说出来了，如果别人表达了不同意见，她也会很快沉默。有时候，明明自己心里不同意，可是当别人问她的想法时，她会本能地说："对，就是这样。"慢慢地，别人开始忽略她的想法。她很苦恼，希望有所改变。

心理免疫的X光片的第一栏，是我们希望达成的行为目标。以艾米为例，她有很多目标：希望自己变得更开心，希望自己更有创意，希望自己挣更多钱……但是，这些目标都不是心理免疫系统能识别的。开心是情绪的目标，更有创意是能力的目标，挣更多钱是结果性的目标，而心理免疫系统的目标是用行为来标识的。所以，艾米应该写下的目标是：更自信地表达自己。表达，就是一个行为。

有了行为目标以后，X光片的第二栏写的是，我们正在做哪些跟目标相反的行为。艾米列了很多，比如：她经常沉默，等别人先发言，然后附和说"对对对"；如果心里不同意别人的意见，她也不会直说，只会以沉默应对；她说话很小声，以致大家听不清她说什么，所以常常忽略她的发言；发言的时候，她经常用怯生生的口吻说话，而且经常以"会不会是这样"的疑问句开头。这些都是和目标相反的行为。

艾米的目标明明是更自信地发言，她为什么要做这么多跟目标相反的行为呢？其实是因为，这些行为给她带来了隐秘的"好处"。

所以，在 X 光片的第三栏，她需要思考这些与目标相反的行为有哪些隐含的好处。比如，不自信地表达自己，有什么好处？如果想不出来，可以换一个问法：如果不这样做，担心的最糟糕的事情是什么？我就是这样问艾米的："你觉得，假如你不附和别人，很自信地发表自己的意见，你能想到会发生的最糟糕的事情是什么？"

她想了想，叹了口气，说："我担心，如果我说出不同的意见，别人会对我有想法，我会被当作异类，会被排斥。我还担心，如果我说得不对，别人会觉得我很蠢。"

原来，她这么做是为了避免和别人发生冲突，避免被别人排斥，避免别人看到她因为说错话而出丑，并因此觉得她很蠢。正是这些隐秘的好处鼓动着大象的情绪，驱使大象走上与目标相反的路。现在，它被翻译成了骑象人能够听懂的语言。

可是这样还不够，我们还是不明白，她为什么会这么担心？是什么让她把发表不同意见和被排斥画等号的？又是什么让她把说得不对和别人觉得她蠢画等号的？

这就有了 X 光片的第四栏——她的心里有一个重大的假设。这个假设隐藏在一系列与目标相反的行为背后，正是这个假设让这些行为所谓的"好处"成立了。

艾米的假设是：如果我发表不同意见，就会引发冲突。

原来这个重大假设是在大象的心里运转的，骑象人通常只看到大象的情绪，并不会清晰地知道大象在怕什么。现在，大象的焦虑被翻译成骑象人能听懂的语言，进入了骑象人的意识中。

那么，艾米心里为什么有这种假设呢？这当然不会是空穴来风，它跟艾米的生活经历有关。

她告诉我："我的父亲是一个老派的军人，退伍后到地方当官。他很严厉，话不多，总是嫌我妈妈啰唆。有时候，我妈一说话，他就会用眼睛瞪她。"艾米做了瞪眼的表情给我看。显然，这个表情在她的生活中重复了无数遍，以致变成她心里非常深刻的印记。她说："每当这时候，我就会在心里默念：妈，千万别再说话了。因为我知道，如果我妈再说话，一场大吵就会不可避免。"

案例：艾米在会议上不敢说出自己的想法，她想改变。 *4个步骤*

①**希望达成的行为目标**：更自信地表达自己
②**与目标相反的行为**：经常附和别人；说话很小声……
③**潜在的好处**：避免和别人发生冲突
④**内心重大假设**：如果我发表不同意见，就会引发冲突

图1-1

　　就像自我催眠一样，这个默念连带着默念时的焦虑情绪，刻到了艾米的脑子里，变成了心理免疫系统的一部分，让大象一遍遍不停地重复它的老路。

　　回过头来，我们就更能理解改变为什么很难发生。改变的愿望和不改变的动力之间，存在着严重的冲突。心理学家卡伦·霍妮（Karen Horney）打过一个经典的比喻：我们想要让车运行，却一只脚踩着油门，另一只脚踩着刹车，能量和动力就在这样的空转声中痛苦地消耗着。心理免疫的 X 光片，就让我们清楚地看到这个冲突。

　　但是，我们不能一味责怪那些阻碍改变的行为，更不能责怪心理免疫系统，因为它曾经保护了，也许现在还在保护着弱小的、容易受伤的我们。它就像一个尽职的老奶奶，为了保证安全，百般阻拦我们到新的地方去。但终有一天，我们要挣脱她的怀抱，开始新的旅程。

● 自我发展之问

　　你有过像艾米那样的困惑吗？比如，不知道该如何拒绝别人，在需要表达意见的时候不敢表达，或者想坚持某件事却总是半途而废……

　　根据罗伯特·凯根的四栏表，你可以画一张属于自己的心理免疫的 X 光片吗？

检验人生假设：
看清自我限制的规则

改变很难，是因为每个现有的行为背后，都有我们的"怕"。那怎么能突破我们心里的怕，从而达到改变的目的呢？接下来，我会介绍实现改变的四个原则：检验人生假设、小步子原理、培养"环境场"，以及情感触动。

看见内心的假设

心理免疫的 X 光片告诉我们，行为背后往往隐藏着我们对人生的一些重要假设。卡尔·荣格（Carl Jung）说过："如果潜意识的东西不能转化成意识，它就会变成我们的命运，指引我们的人生。"同样，如果你不知道阻碍改变的力量，不知道这种力量背后的重要假设，看起来，你是活在常识里，实际上，你是活在自己的假设里。

辨识出这些内心的假设，是突破心理免疫系统，让改变发生的第一步。这也是改变的第一个原则——检验人生假设。

前文中的艾米内心有一个重大假设：发表不同意见会引发冲突。这个假设主导她心中恐惧的大象，让她不敢主动表达自己的想法，她要怎么改变呢？有时候，看见这些假设本身就会带来一些改变，而不需要具体做什么。为什么呢？因为这些假设藏得太深了，以至我们把这些假设当成不可动摇的常识。而它们一旦被看到，被带到意识中经受理性的拷问，它们对人心理的隐形操控力就会被打破。说出假设的那一刻，人们经常会恍然大悟，同时又会觉得奇怪：这么简单的事情，怎么现在才发现？

所以，检验人生重要假设的前提是，看见心中的假设。那怎么才能看见呢？

心理免疫的 X 光片里的第三栏，就能帮助我们看到这个假设。我们可以问自己三个问题：

第一，那些跟目标相反的行为，能带来的好处是什么？

第二，如果做不一样的行为，最担心别人会怎么对我们？

第三，为什么阻碍改变的行为带来的好处是必需的？如果没有这些好处，会发生什么可怕的事情？

如果你认真而诚实地思考了这三个问题，就能知道内心深处阻碍改变的假设是什么。

我还有个小窍门。寻找重要假设的时候，可以试着用"如果……就……"的句型来归纳它们。在这样清晰的句式中，我们会发现原本根深蒂固的信条，只是一个假设而已。

我有一个来访者，她很想跟别人建立联系，却总是没法迈出与人交往的第一步。她内心的基本假设是：人与人之间只有利益关系，如果别人对我好，那一定是对我有企图。有一次，我让她把人生中对她好的人都列出来，有父母，还有高中时的班主任。我问她，这些人对她好是有什么企图呢？她说："爸妈对我好，是希望我将来为他们养老。高中老师对我好，是为了我成绩好一些，能让他脸上有光。"

人总是会保护自己的核心假设，不会轻易改变。可就算这样，她心里也会想：为什么我是这样想的，而海贤老师不是呢？当她这么想的时候，就已经在审视自己的假设了。从某种意义上看，这个信念就有所松动了。

验证内心假设

当然，只看见假设是远远不够的。改变的本质，是通过做不一样的事获得新经验。不一样的事，指的就是与心理免疫系统要求我们做的不一样的事。相应地，新经验指的是，当新行为让我们内心隐含的假设松动以后，所产生的新领悟。这个领悟会被整合到我们的心理免疫系统中，最终改变这个系统。这时候，改变就发生了。

如果要进一步改变，我们还需要有针对性地设计一些新行为，来测试这些基本假设。同时，我们要验证这些假设对不对，什么时候成立，什么时候不成立，就像行为科学家做实验一样。

　　如果我们要学习游泳，既不能只在岸上熟读怎么学游泳的书，也不能要求自己一下子跳到深水区——这样就被淹死了。改变也是如此，它是一种支持性的探索，既需要勇敢，也需要安全和可控。

　　我仍以艾米为例，她的内心假设是：如果在会上提出不同意见，会遭到别人排斥。那么，她可以尝试在一个不那么重要的会议上，表达自己不同的意见。在开会之前，她可以先设想一下，表达不同意见后会有什么结果，她会有什么样的感受。表达完以后，再对照真实的情况，看看和原先的设想有什么不同。新的经验，常常是在预期经验和真实经验的对照中产生的。

　　我有一个来访者，刚到一家公司工作。她总会表现得非常积极阳光，甚至有些用力过猛。她会讲笑话逗大家开心，对每个人的情绪都很敏感。如果团队里有人不开心，她就会反省，是不是因为自己没做好。所以她生活得很累，想要有所改变。

　　通过画出心理免疫的 X 光片，她发现自己内心有一个重要假设：如果我不表现得积极乐观，我在团队中就没有价值，别人就不会喜欢我。

　　于是，我们一起设计了一个行为测验。我让她在周一、周三、周五的时候，努力表现得积极阳光，讲笑话，关心每个人的情绪，就像她平常做的一样。在周二、周四的时候，不去关注别人的情绪，只专注于自己的事情。我还让她每天记录自己心情的变化，以及团队心情的变化。这样的设计既保留了她的习惯，也为新的行为提供了空间。

一星期后，她回到咨询室，我问她结果怎么样。她说："我自己的心情是有差异的，不关注别人的情绪，我会很忐忑，可是也有些解脱感。最让我意外的是，我觉得团队的心情根本没什么变化，他们压根就没注意到我在做这样的行为测验。我甚至去问了一个相熟的同事，她一点儿没看出我这几天有什么变化。"

我说："是啊，你这么努力地表现自己，把它当作一件重要的事情，可别人其实没那么在乎。如果别人不在乎这件事，他们又怎么会根据这件事来决定是否喜欢你呢？"

她沉默了。

后来，她不再把表现得积极阳光当作必须要完成的任务，卸下了自己的负担。只是偶尔需要的时候，她才去关心别人的情绪。她内心的重大假设，就这样慢慢松动了。

让错误的假设倒塌

我自己有时候也会用这个行为测验来作出一些改变。

曾有一段时间，我很喜欢在背后抱怨我的合作伙伴。我很不喜欢自己这样做，可就是没办法停止。最终，我决定尝试改变，于是画了一个心理免疫的 X 光片。当我看到第三栏，也就是"抱怨的好处"时，我发现自己是在用"背后抱怨"强化需要，同时在防止冲突和矛盾。我很少直接向别人提请求和需要，因为我很怕别人拒绝，伤了面子，可是我确实有这样的需要。结果，背后抱怨成了折中方案。隐含在这种行为背后的，是我的重大假设：如果我直接表达不满，表明我很苛刻，别人就不会喜欢我；如果我直接提要求，别人很可能会拒绝，就会引发冲突。所以，我想设计一个行为测验：直接提出要求，而不是在背后抱怨。

恰好那段时间，我在做一个节目。合作方给这个节目取了一个很媚俗的名字，我很不喜欢。我跟编辑争论过，但她说市场需要这样的标题，直接、有用，我就勉强答应了。如果在以前，我估计又会一边表面上答应，一边背后吐槽和抱怨她。但是现在，我想做点儿不一样的。于是，我建议她重新考虑并修改节目名字。

也许有人会觉得，这不是什么了不起的挑战，但是对一个总是说"好"的人而言，这其实很有难度。哪怕是一个了解改变原理的心理学家，要改变自己，也并不比普通人容易。

当我提出要求时，编辑说："陈老师，我们不是说好了嘛，为什么要改呢？"我说我不喜欢。编辑说："时间来不及了。"我想了想说："我想请你们的主编来看看，帮我想一个名字。"编辑沉默了。在她沉默的那段时间，我很紧张，我甚至想，要不跟她说算了吧，但我忍住了。后来编辑说："要不我找主编看看吧。可是她不一定有时间的。"我松了口气，说："好的。"

第二天，主编联系我说："陈老师，我昨天看你的稿子看到半夜两点多，觉得原来那个名字是不够牛，我想了一些牛的名字。"

那时候，我忽然有了新的领悟：**如果我们觉得一件东西很重**

要，就要自己去争取，而不是在背后抱怨。哪怕时间很紧张，我们也要坚持自己的想法。只有自己认真对待自己的东西，别人才会认真对待。在背后抱怨，等于把责任推卸给了别人。

现在，每当想要抱怨的时候，我都会先想想，我有什么需要没有直接表达，我是不是坚持了自己的意愿。同时我看到，当我直接表达意愿后，别人并没有不重视，相反，他们更重视了。通过这样的行为测试，渐渐地，我内心的假设松动了。

通过做一些不一样的事情来检验行为背后的假设，像是带着一份地图去旅行，总要去看看不一样的风景。当你去做一些不一样的事时，你就去到了免疫系统之外、重大假设之外的世界。这是一种更加深刻、更有意义的旅行，因为在那里，你会发现一个不一样的自己。

希望你会爱上这种旅行。

● 自我发展之问

根据你之前画出的心理免疫的X光片，思考：

限制你作出改变的重大假设是什么？

这种假设是怎么形成的？它跟你的哪些重要人生经历有关？

如果要设计一个行为测验，来检验心理免疫的X光片背后的重要假设，它应该是怎么样的？

小步子原理:
迈出改变的第一步

奇迹提问

在大象和骑象人的比喻中，大象就像我们的情感，骑象人就像我们的理智。当我们想改变时，骑象人就会指挥大象，去自己想要去的地方。但是，很多时候，大象也会劝说骑象人，让他相信，改变既没必要，也不可能。也就是说，情感会引诱、恐吓理智，使我们停留在心理舒适区，无法作出改变。

那么，有没有办法克服这种阻力，让大象顺利迈开步伐呢?

有一种特别的方法，能够有效推动改变。这也是**行为改变的第二个原则——小步子原理**。

简单来说，小步子原理就是在改变的路上迈出小小的一步，获得一个小小的成功。通过不断获得小的成功来积累经验的好处，从而为下一步行动提供心理动力。

　　小成功能够让大象体会到改变的好处，也会塑造一种希望感，让大象相信改变是可能的，并促使大象不断迈开步伐。可问题是，成功总是在行动之后。我们要先有行动，才可能获得好结果。到底怎么才能让大象迈开第一步呢？

　　心理咨询领域有一种提问技术，叫作奇迹提问。什么是奇迹提问呢？我举个例子你就明白了。

　　我有个来访者，上大学四年级。他需要在最后一学期修完四门课才能毕业，否则会被退学。就在这个关键的时候，他却每天窝在宿舍打网游，几乎不出门。

　　他是村里第一个考上名牌大学的学生，村里人劝自己孩子好好读书的时候，都会以他为榜样。他家里并不富裕，他很清楚自己顺利毕业参加工作对家庭的意义。可是，就是因为这些压力，他提不起精神好好看书备考。谈到将近的考试时，他说自己已经想明白了，毕不毕业无所谓，大不了去干体力活，有口饭吃就行，也能帮家里分担负担。

　　当然，他并不是真的无所谓。只是心里的大象畏惧压力，迈不开步伐，逐渐对改变失去了信心。

　　有一天我问他："假如奇迹出现了，你真的顺利毕业了，会发生什么呢？"他摇摇头，说不想去想这些没意义的事。

　　不去想可能的改变，这也是大象保护自己的方式。有时候，为了防止自己失望，我们宁愿不要希望。

　　可我坚持说："没关系，只是想想嘛！"他慢慢开始想了，说可能会去家乡的省会城市找份工作。如果找不到，就回高中母校当老师。

说到这里，他脸上开始有光了，也许是回想起在高中当学霸的时光。

我继续问："你再想一想，如果你已经顺利毕业了，回顾这个过程，你迈出的第一步是什么？"他想了想说："我至少要让自己的作息正常起来，按时去食堂吃饭。"我说："好，那你能做到吗？"

奇迹提问是心理治疗中经常用到的一种提问方式，它看起来简单，其实有着精巧的设计。**在改变的过程中，我们在往前看和往回看时，看到的东西经常不一样。往前看，会看到困难；往回看，会看到方法和路径。**当假设好的结果已经发生了，再往回看的时候，我们其实已经绕开了大象的防御机制。好的结果，哪怕只是假设中的好结果，有时候也会让大象欢欣鼓舞。因为它提供了一种动力，让大象不再去思考这件事有多么不可能，它的困难在哪里，而转去思考这个过程是怎么发生的。这样，我们会更清楚地知道，改变的第一步该怎么走。

在这个咨询片段里，我没有跟来访者讨论怎么学习、怎么通过考试，因为这些任务都会吓坏大象，让它不敢迈出步伐。我们讨论的，仅仅是按时去食堂吃饭。这是来访者能做的事，也是他有信心做的事。所以，奇迹提问带来了改变的第一小步。这样的改变虽然微小，对来访者却是非常有帮助的。

此外，这样的改变还有特别的意义。这种改变的一小步，最好是在心理免疫系统的基础上提出的。我给来访者做过心理免疫的 X 光片，知道他之所以每天待在寝室，不去教室，也不去图书馆，是怕碰到熟人。被熟人问起，他会感到无地自容。每天按时去食堂吃饭，就是针对他心理免疫系统迈出的小小的一步。

之后，他真的这样做了。刚开始时他小心翼翼地，生怕别人看到。没想到，第二天打饭的时候，还真遇到一个同学。那个同学很热心，问起他的情况，他犹豫了一下就回答了。也许是出于好意，那个同学告诉他，自己正在备考 GRE，也很孤独，需要一个人提醒自己早起。于是，他们约定相互提醒，一起吃早饭。后来，他们开始一起上自习，来访者的状态慢慢好了起来。

有时候改变就是这样，好像一副多米诺骨牌。对我们来说，最重要的是找到能够推动改变的那块牌，找到第一个小小的改变，把它推倒，并带着好奇，看看会发生什么。**用奇迹提问找到第一个小小的改变，并让它实现，这个策略就叫小步子原理。**

改变的时候，千万不要试图和心中的大象正面对抗，而是需要绕开它的防御机制。小步子原理就是绕开这种防御，帮助我们行动的方法。

小步子原理

也许你会想，这个故事的结局太完美了。万一那位来访者去食堂时，没有碰到那个同学呢？万一那个同学没有出于好心约他一起上自习，而是嘲笑他了呢？那他迈出的这一小步，不是没用了吗？

如果你这么想，说明你并没有真的理解小步子原理的含义。

小步子原理不是一个让我们获得最终成功的策略，而是一个让我们有所行动的策略。它的重点不是结果，而是此时此地的行动。它的核心思想其实是古希腊斯多葛学派的主张：努力控制你所能控制的事情，并接纳你不能控制的事情。

如果你需要有最终成功的承诺，才能去做一件事，那你已经陷入让自己无法行动和改变的思维模式。因为你会发现，没有什么人或者什么方法能够给你这样的承诺，除了骗子和传销组织。

而小步子原理的核心，是让你专注到当下能做的事情上。至于这个事情能不能带来想要的结果，这不是你能控制的，因此，也不需要你去关注。

也许你还会有疑问：万一那位来访者真的受到其他人的嘲笑，该怎么办呢？完全不关注，也太不现实了吧！毕竟，人在刚刚开始改变时是最脆弱的，很容易因为小小的打击而放弃。

我其实认真想过这个问题。如果它真的发生了，那我就会建议那位来访者转移关注点，去检查嘲笑是不是真的像自己想象的那样可怕。如果他发现嘲笑并没有那么可怕，他也会获得一种新的经验，这也能帮助他进一步行动。

除了这个案例，还有一个例子可以说明小步子原理的威力。

"嗜酒者互戒协会"可能是这个世界上在帮助人们改变方

面做得最成功的机构。这个机构的创始人叫比尔·威尔逊（Bill Wilson）。他原来是一个酒鬼，戒酒成功后，创办了这个组织。虽然他已经去世近50年了，但这个协会仍在正常运转和扩展，每年有210万人到那里寻求帮助，多达1000万人在那里成功戒酒。

嗜酒者互戒协会做了什么呢？它有个著名的"12步法"。这个方法的第一步，就是承认在对付酒精这件事上，我们已经无能为力了。

这是什么意思呢？就是先承认自己失控了。这样，我们就不用把注意力放到自己控制不了的事情上去。然后用小步子原理，把目光聚焦于自己能控制的事情上。

嗜酒者互戒协会要求会员设立"一次一天"的目标，意思就是，不要想自己一定要戒酒、一辈子不碰酒这样的承诺，只要承诺自己能做到24小时内不喝酒就可以了。24小时之后呢？那就是新的一天了。

协会是这么解释"一次一天"的四字箴言的："在大部分例子中，我们没法预测事件的转向。不管现实准备得多么充分，结果还是可能猝不及防……我们为未来设定的任务太过巨大，留给自己的只剩精疲力竭、不堪重负和心烦意乱。"

所以，不要去想未来太过巨大的任务，而是专注于眼前能做的一小步，并把它做好。只有这样，大象才会迈开步伐。

我自己很爱讲一个故事。从前有一个老和尚和一个小和尚下山去化缘，回到山脚下时，天已经黑了。小和尚看着前方，担心地问老和尚："师父，天这么黑，路这么远，山上还有悬崖峭壁，各种怪兽，我们只有这一盏小小的灯笼，怎么才能回到家啊？"老和尚看看他，平静地说了三个字："看脚下。"

改变的过程就是这样，我们心里有目的地，可是在行动上，只能看清脚下。也许有一天回过头，我们会发现，走着走着，自己已经走得很远了。

● 自我发展之问

如果你还没实践上一节设计的行为测验，结合"小步子原理"思考下，你能迈出的第一步是什么？

如果你已经完成了这个行为测验，是怎么做到的呢？

培养"环境场":
让新行为变成新习惯

"场"的力量

有时候，小步子能带来大改变。但有时候，即使人们成功迈出了改变的第一步，也很容易中途放弃。毕竟，人是在一定的关系和环境中生存的，而环境和关系的细微变化都可能影响到改变是否能够持续。

那么，怎样能让我们把新的经验凝固成长久的习惯，不再退回到充满诱惑的心理舒适区呢？这就需要行为改变的第三个原则，我给它起名叫——培养"环境场"。

我第一次意识到"场"的力量，是在几年前参加卡巴金（Kabat-Zinn）举办的一个名叫"当下，繁花盛开"的正念培训上。刚到培训现场，我就被震撼到了。

在一个像体育馆一样大的会议室里，250个瑜伽垫挨个铺开。

来参加培训的人来自全球各地，各行各业。卡巴金和他的搭档萨奇·桑托利（Saki Santorelli）在前台和所有人一样，席地盘腿而坐。全场一片肃静，连一根针掉在地上的声音都能听见。

其实，那个培训的日常过程很枯燥，每天早上6点起床，开始打坐，一直到晚上9点。坐得累了，卡巴金会及时摇起铜铃。清脆的铃声把我们从静默的坐禅中唤醒，然后我们就会默默行走。如果你不在这个"场"里，看到的现场简直就像僵尸入侵一样。但如果你在这个"场"里，就会觉得自己在做最自然不过的事情，讲者和听众好像被一种神秘的感召力联结到了一起。这就是"场"的力量。

那么，"场"到底是什么呢？它其实是包含大量行为线索的环境。这些行为线索能激发特定的行为。就像到了卧室你会想睡觉，到了办公室会想工作，到了餐厅会想吃饭一样自然。

在卡巴金的"场"里，静默、席地而坐、偶尔唤醒我们的铜铃声，都是行为线索。这个行为线索来自两个方面：行为的历史和他人的反应。静坐和禅修的历史很容易让我把自己的行为跟深厚的文化传统联结起来。而参与活动的人都在静坐，我自然觉得应该把外界俗世中的事情先放下，保持静静地聆听，跟其他人一样。

感性的大象对"场"很敏感。它总是比理智先感受到"场"所暗示的行为线索，并照着这个行为线索行事。环境中包含的行为线索越多，"场"的力量就越大。因为"场"的不同，在一些地方你会努力工作，在另一些地方你会懈怠；在一些地方你会沉默不语，在另一些地方你会滔滔不绝。

"场"的惯性

我认识一个女生，就叫她小嘉吧。小嘉刚到北京不久，就加入了一家竞争激烈的创业公司。这家公司产品的迭代速度很快，她需要学习很多东西。因此，她给自己制订了很多读书学习的计划，可是总也做不到。

为什么呢？小嘉下班后的典型情境是这样的：下班回家后，做饭；吃饭时，她觉得一个人太无聊了，就边吃边看美剧；等饭吃完了，美剧还没播完，她觉得看完这一集再说吧。结果就是，她看了一集又一集，直到快要睡觉了。一种虚度了时光的空虚感悄然袭来，让小嘉感到沮丧。

她经常睡得很晚。有人说，晚睡是我们不肯面对失败的一天就这么结束了。小嘉也是如此。

有一天，她很困惑地问我："我现在明明不快乐，为什么还要这样日复一日，不能改变呢？"

是啊，类似的故事发生在很多人身上。为什么明明不快乐，却日复一日变不了呢？

我把生活的乐趣分为两种：消费型快乐和创造型快乐。在消费型快乐里，我们消费的是别人创造的产品，满足的是表面的感官刺激和生物性需要。而在创造型快乐里，我们在创造自己的产品，在发挥自己的才能。在这个过程中，我们会体会到一种深刻的成就感，感觉到自己正在变得更好。如果把消费型快乐看作酒肉朋友，创造型快乐就是良师益友。学习是一种创造型快乐，而看美剧当然是消费型快乐。所以小嘉体会到的，正是消费型快乐过后产生的空虚感。

既然我们很清楚创造型快乐更好，为什么很难去做能产生创造型快乐的事情呢？原因是，创造型快乐是骑象人热衷的理智的快乐，而消费型快乐是大象热衷的感官的快乐。如果从消费型快乐转到创造型快乐，我们需要说服感觉的大象。给自己创造一个学习或者工作氛围浓厚的"场"，就是一个说服大象的好办法。

很不幸的是，也许是太爱享受了，小嘉在家里创造的"场"是放松和娱乐的。那里所有的行为线索都在暗示她，应该好好休息了。所以，她无法驱动大象主动学习。

写到这里，我觉得可以对"场"做一个更精确的总结。**所谓"场"，就是我们心中关于空间功能的假设。**

在这个假设里，图书馆、自习室或者写字间是和工作学习相联系的，而家、宿舍是和休息娱乐相联系的。一个人到了被假设为工作场所的空间，自然就表现出工作的样子。反之，如果一个人在家或宿舍里，要让自己好好工作，就算做再多心理挣扎，也未必能够实现。

我在浙江大学当老师的几年中，观察到一个现象：学霸都是成群结队的，喜欢去图书馆和自习室；而成绩不那么理想的学生，往往有严重的拖延症，通常很宅，喜欢"猫"在宿舍里。我不能断定其中有必然的因果关系，但至少"场"与学习效果之间有着密切的相关性。

在身边养一个"场"

那么，怎么利用"场"的原理来安排我们的生活呢？先要弄清楚"场"的力量到底从哪里来。

第一个来源是别人在这个空间里的行为。人是一种社会动物，如果在一个空间里，别人都在埋头工作，这个环境自然会暗示你也要努力工作。很多人觉得高中三年是自己最努力的时光，是因为每个人都在努力学习，让高中教室变成一个很有力的"场"。

写下这一段话的时候，我正在浙江省图书馆的一间自习室里。我自己家里明明有书房，为什么要到图书馆工作呢？因为这里学习的人多，"场"的力量比较强。可是，如果只有到自习室、图书馆才能让人进入学习和创造的状态，对环境的要求太高了吧！

所以，我们更需要了解"场"的第二个力量来源，就是我们以前在某个空间里的行为。

我家里有一个书桌，在这个书桌上，我只做跟工作有关的事情。如果我想浏览网页或者看电影，我会要求自己换一个地方，比如到客厅的沙发上去。因为我在书桌上娱乐的话，这个书桌作为工作的"场"就会被破坏掉。

我还有另外一个工作"场",就是我的电脑。事实上,我有两台电脑,一台日常用,一台工作用。工作电脑里只有Office等一些用于工作的软件。当我打开它的时候,我心里的大象就已经做好了准备,知道要开始工作了。可是对大部分人来说,工作和娱乐的距离只有关闭Word和打开浏览器的距离。要抵制这样的诱惑,太为难大象了。

所以,"场"并不玄虚,它就是一个人在一个空间里做事的习惯。习惯会形成稳定的心理预期,稳定的心理预期又会巩固习惯的行为。一个人在某个空间里做的事情越纯粹、越持久,这个空间"场"的力量就越大。

回到小嘉的故事上,我给了她这样一个建议:像我一样,在家里养一个小小的、专门进行学习与工作的"场"。如果能在这个"场"里贴些激励自己的话,作为"场"的边界和线索,那就更有帮助了。这样,在家这个纯粹的休闲"场"中,学习就抢占了一块自己的地盘。它的存在会给小嘉强烈的心理暗示,帮助她行动起来。随着小嘉对这个"场"的使用越来越频繁,"场"的力量会变得越来越强大。

看到这里,不知道你心里有没有这样的疑问:"场"只在和学习、工作有关的场景中有用吗?当然不是,"场"其实可以巧妙地应用在各种改变的场景之中。在恋爱中,"老地方"通常有很多柔情蜜意的记忆。在家庭治疗中,我经常建议一些疏远的夫妻能找固定的时间、在一个固定的地点做一些深入的沟通和交流。如果你是一个敏感内向的人，经常感到疲惫，可以做一个"恢复壁龛"，每天到一个固定的地方独处、静坐、散步、养花，远离喧嚣，让自己恢复能量。

我自己从来不会在咨询室之外的地方帮别人做心理咨询，因为咨询室本身也是一个"场"，一个帮助人改变的"场"，我需要这样的"场"才能工作。

这样看来，我们可以给"场"补充一个定义，**它其实是，环境记忆中，我们每个人的历史**。我们的奋斗，我们的挣扎，我们的灵光一现，我们的引以为豪，这些事在别人看来也许无足轻重，可是对我们自己意义重大。如果我们有意识地让它们只在某个特定的空间里发生，那这个空间就有了记忆，它就会变成能激发和调动大象的"场"，变成存储美好新经验的记忆银行。

● 自我发展之问

如果你要作出持续的改变，比如，每天抽出时间读书，每周健身至少一次，或者花更多时间陪伴家人。然后思考：你需要创造一个什么样的"场"来不断激发新行为？

想好之后，请你在这个星期内，持续在这个"场"里做有助于改变的事。

情感触动：
改变最重要的动力

越自责，越放纵

经常有人说，知道很多道理，却依然过不好这一生。因为代表理智的骑象人和代表情感的大象各有主张，而大象的力量要大得多。有句俗语叫"动之以情，晓之以理"，"情"与"理"的先后顺序是很有讲究的。得先让大象有所触动，它才能听得进去道理。**这就涉及行为改变的第四个原则——情感触动。**

在咨询室里，如果来访者跟我说"道理我都懂"，我就知道这个咨询没起作用。因为当他说这句话的时候，他其实是在说"你说的道理我不想听"。这时候，他已经把道理放到很远的、跟自己无关的位置上了。为什么会这样？肯定是因为我没有触动他的大象。

改变需要情感的触动。如果没有情感认同，就不会有改变发

生。可是，大象既容易被焦虑、恐惧这类消极情感触动，也容易被爱、怜悯、同情、忠诚这类积极情感触动。到底哪种情感最容易引发改变呢？

我们习惯的方式是用焦虑、恐惧，也就是用恐吓的方式来促成改变，因为焦虑和恐惧的力量最强大，最容易被激发和控制。比如在学校里，老师会用批评的方式来让学生听话；在工作中，公司会用末位淘汰制来让员工努力干活。我们也习惯用自责的方式施压，觉得这样能促使自己进步。所以每次面临改变，我们都会自动分裂成两个自我：一个是上进的正义的自我，一个是堕落的邪恶的自我。上进的自我总是责备那个堕落的自我，而堕落的自我经常感到无地自容，觉得自己一无是处。焦虑和内疚就由此产生。我们本能地相信，内疚和自责能帮我们实现改变。就像小时候，我们淘气、偷懒的话，严厉的老师或父母就会监督我们做作业一样。所以我们总是想把自己骂醒，如果没骂醒，那就骂得再狠一点。

可是，内疚和自责真的能推动大象改变吗？当然不能。否则我们就不会一边内疚自责，一边拖延着不愿改变了。

为什么会这样呢？原因在于，很多我们想改变的习惯，比如吸烟、过度进食、拖延，就是为了应对焦虑和压力产生的。如果用内疚和自责给自己增加更多的焦虑和压力，想一想，我们会用什么办法处理这些焦虑和压力呢？当然还是吸烟、乱吃东西、拖延这些老方法。

所以越是自责，一个人越容易放纵自己，陷入"放纵—自责—更严重放纵"的恶性循环。

曾有一个关于戒烟广告的实验。广告上画了两片被香烟烧出窟窿的黑黑的肺叶，非常恶心，大象一看就会被吓到。可是，广告效果不尽如人意。这是因为，很多时候，人们吸烟就是为了减压。看到这种广告，压力会减轻吗？不仅不会，还会变得更焦虑。一焦虑，不如来根烟缓解缓解吧。

大象能听懂爱

用焦虑、恐惧、内疚的情绪来刺激大象，大象只会焦虑烦躁地在原地打转。更何况内疚和自责还会降低我们的自尊，让我们觉得自己一事无成，容易破罐子破摔。其实，那个被责备的自己，正是那个要改变的自己。如果我们把自己骂得士气低落了，哪来勇气和力量去改变呢？

有的人可能会问，明明有一些对自己要求很高的人，既高效，又取得了不错的成绩，他们是怎么做到的呢？如果自我苛责没用，他们又是怎么维持对自己的高要求的呢？

我的心理咨询老师是一位非常严厉的老太太，无论从哪点看，她都跟温柔善良扯不上关系（希望她不要看见这一段）。我第一年学心理咨询时，她就一直批评我：你这里说得不对，那里说得不对；你又没有思路，你只在看自己想看的东西……那段时间，我的士气很低落，既有对自己总也做不好的愧疚，也有对老太太不近人情的不满。可是，这种愧疚和不满并没有让我更努力地学习。相反，看到学习材料，我还会犯怵。虽然我一再责怪自己不够努力，大象却总是迈不开步伐。

一年的学习快要结束了。在课程的最后一天，老师给我们讲了她的老师，家庭治疗大师萨尔瓦多·米纽庆（Salvador Minuchin）的一些事。

她说："我年轻的时候，有一天拿着一个个案去找米纽庆督导。那个个案是关于一个希腊家庭的，涉及的人很多，咨询过程很乱。我好不容易控制住了场面，但并没做得特别出彩。在我报告这个个案时，米纽庆就静静地听着。听完以后，他就让其他学生提意见。不知道出于礼貌还是什么原因，这些欧美的学生纷纷说好。我的一个师兄还特别说：'我很欣赏你。你一个亚洲小女孩，有语言和文化的差异，还能做成这样，已经很不错了。'这种说法，看起来是夸奖，其实是有贬低在的。

"这时候，米纽庆开口了。他说：'她是我最好的学生之一。你们说她做得不错，其实是在说，她只能做到这样的程度。'

"听他这么一说，这些欧美的学生就开始纷纷给我提意见了。尤其有些同学不服气老师说我是最好的学生，他们以后看我的个案，就变得非常挑剔。而我呢，为了应付他们挑剔的目光，总要做更多准备工作，结果我的咨询能力有了很大的长进。

"后来米纽庆在其他场合解释了他为什么这么说我。他说，

'我这个学生是非常有创意的，可是，她躲到自己移民身份的壳里，做什么事都总是差不多就好了。我说她是我最好的学生，让她接受苛刻的批评，就是要把她从移民身份的壳里逼出来'。"

接着，老师又说："米纽庆已经去世了，我也老了，所以我要把他教我的东西告诉你们。你们来这里不是为了爽的。如果我只是很轻率地表扬你们，那我其实也是在说'你们只能做到这种程度'。我不停地批评你们、挑战你们，就是要把你们从故步自封的壳里逼出来，相信你们完全能做得更好。"

那一瞬间，我心里的那只大象被触动了，我理解了老师的用意。从那天开始，我对自己的要求提高了。这种自我要求并没有变成内疚和自责，更没有变成一种负担。相反，它的背后有一种自豪感，一种"我能做得更好"的自我期许。这种自豪感里，有老师对我的期待，也有我对老师的认同。在这种关系中，批评变成了一种信任和期待。

第二年，老太太还是那么严厉，对我还是有很多批评，但是我对批评的感受变了。严格的要求虽然带来很大压力，但它也变成了动力。

所以，真正的问题不在于要不要对自己提高要求，而在于高要求的背后，究竟是你对自己的厌恶，还是爱和期待。只有后一种感情才是能够触动大象改变的力量。

用爱驱动自己的改变

我曾遇到一个自我谴责的高手，我就叫她欧阳吧。欧阳的公司里有很多优秀的同事，他们大都是从国内外名牌大学毕业的。欧阳总跟同期进公司的同事做比较，总觉得同事很聪明而自己很差。她经常对自己说：不能再这样下去了！你要混到什么时候？别再堕落了！

在她找我做咨询的很长一段时间里，她都处于"道理我都懂"的阶段。我跟她说，人有很多面，不能这么简单做比较，也帮她分析这样的比较和指责没有什么好处，可是都没用。

后来她的变化，同样来自情感触动。

有一天，我问起她这种对竞争的焦虑是从哪里来的，她回忆起了自己的童年。

她是在机关大院里长大的，大院里有两个同龄的小女孩，都很漂亮、乖巧，而她长得比较一般。这三个孩子的妈妈经常聚在一起讨论孩子，暗暗较劲，而她妈妈是一个争强好胜的人。

每周六，三个孩子都会跟同一个老师学钢琴，三个妈妈则在旁边评头论足。有一天，她弹错了很多音，她妈妈非常生气。以前，都是妈妈骑自行车接送她。那天天很冷，妈妈竟把她从自行车后座上放下来，自己骑着自行车往前走。她在后边一边哭一边追。路上，她妈妈去熟食店买东西，她才追上来。她抱着妈妈大腿，一边哭一边说："妈妈你不要走。"她妈妈冷着脸，看都没看她一眼。

说起这一段回忆，她委屈地哭了。她说："从那以后，我就特别害怕去学钢琴。每次去上钢琴课，我都觉得那三个妈妈就像三个将军，在那边指挥坐镇，我们像三个小兵，在前面战战兢兢地奋勇杀敌。"

我问她："现在你已经长大了。如果你是自己的妈妈，会让自己参加这样的战争吗？"

她说："我绝对不会！"

我说："可是你现在就在让自己参加啊，只不过战场不一样而已。"

她沉默了。

从那以后，每当遇到想跟同事比较的时候，她都会告诉自己："不要再参加这种愚蠢的战争了。"也许她以前也这样劝过自己，但现在，她心里的大象被触动了。她心里多了一样东西：对自己的爱和怜悯。她知道自己为什么会有这么多的自我谴责，也知道这并不是她的需要，而是她妈妈的需要。

这种理解就是驱动大象改变最重要的动力。

所以，你对自己还好吗？你在想起自己的时候，是带着厌恶和憎恨，还是爱和同情呢？如果你还在内疚和自责中自我折磨，也许，你也应该放弃和自己之间的战争了，就像一个士兵终究要解甲归田一样。

大象也许听不懂你说的道理，但它是能听懂爱的。它会很清楚地知道，你爱不爱它。

只有爱，才会让它心甘情愿，为你上路。

● 自我发展之问

结合本章内容，思考：

在哪些时候，你会谴责自己？你经常谴责自己什么地方？这种自我谴责，究竟促进了你的改变，还是阻碍了你的改变？如果用一种理解的方式来跟心里的大象对话，你会跟它说什么？

然后以 5 年后自己的身份，给自己写一封信。告诉自己，5 年以后，你会怎么看现在的自己遇到的困难，以及现在的自己的坚持。

第二序列改变：
改变真的有效吗

改变是把双刃剑

在前文中，我介绍了改变的态度、阻碍改变的心理机制、引发改变的原则和方法。这一节，我想写一点跟前面不一样的内容，跟你一起反思一下改变本身。

改变本身有什么需要反思的地方呢？改变有什么不对吗？

确实，在现在这个时代，改变几乎成了"更好的生活"的代名词。一方面，我们总是期待改变发生，对改变心存向往，这是能理解的。可是另一方面，如果我们不知道改变的方向，只是盲目地想要有所不同，"追求改变"这件事本身就会变成心理舒适区，变成我们逃避真正改变的借口。

事实上，想要改变本身就是一柄双刃剑。

在追求改变的背后，隐藏着一个重要的心理状态：对现在自

己的不满。这种不满当然可以转化成发展的动力，但也可能带我
们走上另外一条路——让我们感到焦虑、迷茫、自卑、手足无措，
甚至陷入重复无效的改变之中。

所以，我想在这里跟你探讨：你在进行的改变是有效的吗？

第二序列改变

曾有一个来访者问我，怎样才能过上理想的生活？

我问他心中的理想生活是什么样子的，他说："我并不想赚很
多钱，只想做自己有兴趣的工作，充分实现自我价值。"

我接着问他现在的工作是怎样的，他说："我刚辞职，正在找
工作。我毕业 3 年了，这是我的第五份工作。换工作的原因林林
总总，相同的是，每份工作干半年，我就会非常焦虑，觉得这不
是我想要的工作，我不想庸庸碌碌地过一生。老师，我怎么才能
实现自我价值呢？"

我想了想说："你还是先别想实现自我价值的事儿，先想想怎
么挣钱比较实在。"

我并不是要击碎一个有志青年的奋斗梦想。看起来，他一直
在努力改变，但有些东西却从未变过。而我只想让他停止这种无
效的循环。

改变有两个层次：一个是内容的改变，在这个案例里，就是
工作；**另一个是应对方式的改变**，在这个案例里，就是不停换工

作的行为。他一直想要改变的，是工作这个"内容"。而他真正需要改变却没有变的，是用不停换工作来应对焦虑的这种方式。盲目寻求变化，没法安顿下来踏踏实实积累经验，这才是他真正的问题。

有时候，改变作为应对方式本身，也需要改变。这在心理学上有一个专有名词，叫作第二序列改变。它来自一本叫《改变：问题形成和解决的原则》的书，作者是美国心理学家保罗·瓦茨拉维克（Paul Watzlawick）。瓦茨拉维克把内容的改变称为第一序列的改变，把应对方式的改变称为第二序列的改变。瓦茨拉维克说，就是因为人们把改变停留在第一序列，导致改变本身不但没有解决问题，反而成了一个问题。

我的一个朋友对我讲过他自己的故事，就是对第二序列改变最好的说明。

这位朋友大学时有一段时间陷入了一种刨根问底的思想状态，别人觉得天经地义的事情，他都会想很多。比如，为什么要学英语？为什么要读书？为什么要出国？为什么要工作赚钱……

过度思考带来的问题是，他作任何选择时都很犹豫，因为他总是希望能从源头上把事情想清楚，为此浪费了很多时间和精力。他很痛苦，想要改变，却总是不成功。

他去跟父母讨论解决的办法。妈妈对他说："你啊，就是太犹豫。作选择时不要想很多，最重要的是遵循自己的内心。下回你要作选择的时候，根据自己的价值观给不同的选项排序，这不就容易了吗？"他觉得妈妈说得很有道理，就照着做了一段时间，可还是没变化。因为他会继续思考：我的价值观是什么？这个价值观合不合理呢？

后来他去问他爸爸。他爸爸跟他说："这是一种特别的才能。很多人只是根据常识来生活，但你会用理性去思考。我想让手下的员工建立理性思维都很困难，而你天生就会。不被常识蒙蔽，凡事问为什么，这是审视世界的好习惯，虽然费点时间、精力，却很值得。"

他爸爸让他保持这个习惯，说将来会派上用场。他觉得有道理，之后，虽然还会思考和纠结这些问题，却不再尝试改变了。他的心情反而好了起来，想的没那么多了。

为什么鼓励他改变的妈妈没能让他改变，反而是鼓励他不改变的爸爸促成了他的改变呢？

我们可以用第二序列改变来作分析：遇事多想、作选择时犹豫，这是我朋友想改变的内容；而他总觉得自己有问题，想要努力改变自己的状态，这是他想改变的应对方式。他妈妈给的建议是改变内容，而他爸爸改变的是"他想改变"这个应对方式本身。

要透彻理解为什么爸爸的建议更有效，就得回到我们经常说的一个概念——接纳自我。

接纳自我的本质是舍弃

我们常常看到、听到"接纳自我"这个词，也经常跟自己说，要接纳自我。可是我们对接纳自我常常存在着两个重大的误解。

第一个误解是，以为接纳自我就是不改变。通过第二序列改变这个概念可以看出，能了解接纳自我本身就是一种改变，而且是很难的改变。

难在哪里？难在忍受。

人只要有焦虑感，就会想改变。可是顺境、逆境都是人生常态，有时候我们需要忍受不好的境遇，哪怕暂时看不到希望。因为就算我们不改变，事情本身也是在不停变化的。就像腿上磕的乌青会慢慢消退，我们什么都不做也会慢慢长大一样，时间久了，我们自然会从职场新手变成有经验的"老鸟"。有些事，自然而然就会发生。而盲目的改变，常常会打乱事情发生的进程。

第二个误解是，把接纳自我当作获取另一种好处的途径。

经常有来访者跟我说："老师，我觉得自己很多地方都不好，很想接纳自己，可是怎么才能做到呢？"当他这么说的时候，他其实是把接纳自我当作获得幸福、平静、快乐的手段。他心里想的是，接纳自我后，自己就会变好。这在本质上还是想要改变。接纳自我这个追求本身，就是他无法接纳自我的原因。

接纳自我其实不是追求，而是舍弃。舍弃什么呢？舍弃对生

活的过度控制，对"完美自我"和"完美世界"的幻想和执念。

心理治疗领域里有一种很著名的疗法，叫作"森田疗法"，它的核心理念是带着问题生存、为所当为。意思是，一个人不要纠结于自己的问题，只把它当作生存的常态，转而专注自己真正想做的事情。这种曲线救国的改变方式最大的好处是，防止我们只看问题本身，而忘了问题以外自己真正想做的事情。这才是接纳自我的真谛。

回到刚才的故事上，为什么我朋友爸爸的方法更有效呢？因为他爸爸把他想要改变的问题，变成一种不需要改变的资源。这个理由说服了他，让他能够放下自己的焦虑，不再盲目追求改变。而正是这个"放下"，让他从无效的改变中解脱出来，实现了真正的改变。

有效改变的判断标准

看到这里，也许你会有点糊涂。我在前文花了大量笔墨写改变，现在怎么突然强调接纳自我很重要？到底什么时候该追求改变，什么时候该接纳自我呢？或者说，什么时候改变是有用的，什么时候改变会变成一个问题呢？

有一个简单的标准，就是看改变的动作究竟是改善了状况，还是维持着状况，甚至让状况变得更糟了。

通常，无效的改变会维持症状，形成一种恶性循环。如果你的改变包含在这种恶性循环里，那就要小心了。举个例子。我们偶尔会失眠，而失眠让人痛苦。如果失眠的人很想改变这件事，他就会变得非常警惕。本来疲惫中迷迷糊糊要睡着了，脑中闪过一个念头——我快要睡着了，马上就清醒过来了。结果，想改变的念头加剧了失眠，越失眠，越想要改变，就变成恶性循环。

前面那个不断换工作的来访者也是如此。他的目标是实现自我价值，可是实现自我价值是需要积累的。那个乌托邦式的目标让他不断寻求改变，从而失去了自我积累的过程。越是这样，他就越焦虑，越焦虑，就越想改变，形成另一种恶性循环。

当我们想要改变的时候，要问自己两个问题。

第一，我们遇到的，是世界的不如意，还是需要改变的问题。这个世界本身就有很多不完美，它不是按我们的想法设计的。比如，我们偶尔会焦虑、失眠，会心情不好，会遇到各种挫折，但这些都不是问题，而是世界运行的常态。如果错把世界的不如意当作要解决的问题，改变不仅没有效果，有时还会变成问题。

第二，我们想要改变的努力，有没有打断自然发展的历程。一棵树从种下种子到开花结果，有自然发展的过程；孩子从爬行、站立到奔跑，也有自然发展的过程。工作需要积累经验，关系需要培养感情，这也是自然发展的过程。就连伤害都有自然恢复的过程，无论是身体上的还是心理上的。如果你想作出改变，一定要思考一下：如果不作改变，事情自然发展的一般规律是怎么样的？不能因为仅仅想要摆脱焦虑就急着改变。如果改变的企图打断了自然发展的历程,那它同样既没效果,还会变成问题。

● 自我发展之问

———————————————————————————————

　　回想你在"改变的本质"那一节列的目标,你曾经或者正在为这个目标做过哪些努力?这些努力哪些是有效的,哪些是无效的?

　　如果你不努力改变,事情自然发展的进程会是怎么样的?

　　追求改变的过程,让你更快乐,还是更不快乐?更自信,还是更不自信?

———————————————————————————————

第二章 CHAPTER TWO

推动思维的进化

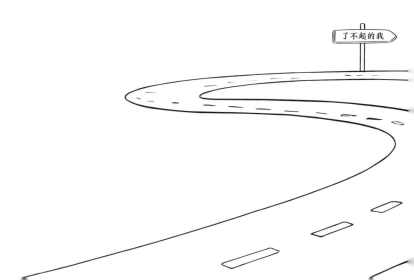

了不起的我

要实现自我发展、成为了不起的自己，除了要开启行为的改变，还需要推动思维的进化。自我发展的过程，也是思维从保守僵化变得灵活而有弹性的过程。

　　保守僵化的思维趋向控制和静止、害怕失败和挑战、维护虚假的自我形象，灵活而有弹性的思维趋向可能和变化、勇于尝试和挑战、促进自我不断进化。

心智模式:
组织和加工世界的方式

心智模式的作用

如果把人比作一部复杂的机器,把行为看作这部机器输出的结果的话,心智模式就是驱动机器的底层程序。人要获得持续的发展,不仅需要行为的改变,还离不开心智模式的有效运转。

那么,什么是心智模式呢?

古希腊哲学家爱比克泰德(Epictetus)有句名言:"人不是被事物本身困扰,而是被他们关于事物的意见困扰。"意思是说,一件事会怎样影响我们,并不取决于这件事本身是什么样的,而取决于我们是怎么看待它的。每遇到一件事,我们就会有一个想法产生。这些想法看起来散乱无章,但如果把它们汇集起来,我们就会看到它们是有规律的。比如,有些人想得乐观些,有些人想得悲观些;有些人习惯从外部找原因,有些人习惯从自身找原因;

有些人习惯想"问题是什么"，有些人习惯想"办法是什么"。这些具有惯性的想法，就是心智模式。所谓**心智模式，就是我们头脑中惯有的组织和加工世界的方式。**

心智模式十分重要，因为它决定我们如何面对必然遇到的挫折和失败，决定我们如何追求一心想要的成功和幸福，并且决定在这个过程中，我们会如何评价自己。自我发展的过程，就是心智模式不断发展和进化的过程。

心智模式到底怎样影响我们呢？它在两方面起着非常重要的作用。

心智模式的第一个作用是塑造我们的经验，影响我们的情绪。

同样的半杯水，有些人看到的是只剩半杯水，所以感到焦虑；有些人看到的是还有半杯水，所以很开心。这就是心智模式的影响，它让我们对同样的事情产生不同的解读，并产生不同的情绪。

那么，是不是让人感觉良好的心智模式就是好的心智模式呢？如果是这样，有一个人的心智模式一定很好，那就是鲁迅笔下的阿Q——他最会通过自我安慰让自己感觉良好。显然，罔顾事实，只是一味让自己感觉好还不够。

因为心智模式还有第二个作用，引发行动。

情绪、思维和行动是一体的。积极的思维往往会通过激发有效的行动，来验证它自身的正确性。如果你觉得一件事自己能应付，就会想各种办法，全力以赴。如果这件事做成了，就会加深"我能应付"的信念——这是一种积极的循环。反之，如果你觉得自己做不到，可能会拖延、想退路、找借口。最后事情没有完成，会加深"我做不到"的信念——这是一种消极的循环。

人际交往也是如此。如果你觉得一个人很好，就会主动接近他、了解他，最后发现他真的不错。反之，如果你觉得一个人很差，就会挑剔他、排斥他，最后发现这个人确实不行。

如果你的心智模式不能引发有效的行动，你感觉再好，那也只是一种自我安慰和自我欺骗。

成长型心智模式和防御型心智模式

根据能否促进我们跟世界的积极互动，心智模式可以被分为两类：一类是积极的成长型心智模式，另一类是消极的防御型心智模式。前者会引发探索和变化，而后者会引发防御和静止。

这两类心智模式是怎么发展起来的呢？这跟人最初的安全感有关。

研究依恋的心理学家约翰·鲍比（John Bowlby）发现，一个人最初的安全感主要来自人际关系，尤其是和母亲的依恋关系（关于依恋理论，本书第三章中有更详细的介绍）。如果一个人跟母亲的依恋关系足够安全，就像一条船知道后面有避风港，行军的队伍知道后面有充足的粮草支持，这个人自然就会对世界感到好奇，会发展出探索世界的本能。

如果母亲给予孩子足够的接纳和肯定，那孩子发展出来的探索世界的本能就是自主自发的。孩子行动时既不需要考虑别人的评价，也不是为了赢得母亲的称赞。他们不会把挫折当作"如果我做不好，母亲就会嫌弃我"的威胁，而是执着于自己的目标，努力解决问题，把限制和困难当作有趣的挑战。

在解决问题的过程中，孩子的能力会不断获得成长，胜任感就由此发展出来。慢慢地，孩子会发现自己是有能力的，能够应付种种挑战，并因此对自己充满自信。这种胜任感会让他不断寻找新的挑战，解决新的问题。他的自主性会增强，安全感的来源也会从母亲转为自身。也就是说，孩子自己就能给自己安全感。这种源自自身的安全感会激发他进一步去探索世界，发展新的能力，正向循环由此形成。这种循环是变化的、不停向外扩展的。这是一种成长型心智模式。

反之，如果孩子的安全感没有得到满足，就会陷入防御型心智模式。他不愿意探索世界，不愿意面对必要的难题。他行动的所有重心都在想方设法回避可能的伤害，甚至通过缩减自己的活动空间来获得安全感。为了让世界看上去可控一些，他会非常在意头脑中的规则，以至看不到现实发生的变化。他有时候会努力，但这不是自发的，而是被头脑中"应该如此"的概念驱使的。这些孩子很在意自己能否被他人赞扬和接纳，所以他人的一点点批评意见都会让他们焦虑万分。因为太在意别人的评价，他们就失去了行为的自主性，由此陷入另一种循环：不断寻求安全感。防御型心智模式就此产生。这种循环是防御的、向内的。陷入这种循环中的人会变得关注自我，总是想很多，却很少行动。他们的自我发展会因此受限。

　　幸好，世界在不停变化，我们的经验也在不停变化。我们可以通过学习和训练，发展出一种能够容纳变化的思维方式。我们在行动上，要改变世界；在思维上，要让世界改变我们。而且，这种改变不是变得简单，而是变得深刻而复杂，这就是自我发展之道。

● 自我发展之问

　　你的心智模式更偏向成长型还是防御型？它是怎么形成的？

　　在什么场景下，你感觉自己的心智是成长型的？在什么场景下，你感觉自己的心智是防御型的？为什么？

僵固型思维：
活在别人的评价中

防御型心智模式有三种典型表现：僵固型思维、应该思维和绝对化思维。它们都会阻碍我们的改变和发展。我先介绍僵固型思维会如何影响我们。

脆弱的高自尊

什么是预测一个人能否成功的最重要因素？很多人觉得是能力。为此，人们设计了很多测验来了解一个人的能力，比如，入学考试、职业能力测试等。这些能力测验背后都有一个假设，就是人的能力是相对固定的，根据能力高低可以把人分成三六九等。可是，在现实生活中，我们会遇到一类人，他们起步的时候能力平平，后来凭着自己的努力不断进步，最终获得了很大的成就。我们还会遇到另一类人，他们看起来很聪明，却因为某个挫折一蹶不振，逐渐泯于众人。其实，能力并不能预测一切。有时候，

怎么看待能力，比能力本身更重要。

我遇过一个学生，他很聪明，学习成绩也好，考上了一所名牌大学。他来自一个县城中学，那个学校里能考上名牌大学的学生并不多。校长觉得很有面子，就把他的照片放到了学校的荣誉墙上，还鼓励他到大学后一定要为母校争光。他当时心里就咯噔了一下，觉得自己被架到了一个很高的位置，下不来了。

上了大学以后，他发现学校里到处都是牛人，而自己并没有很聪明、很突出。大一学期末，他的微积分挂科了。其实在大学里，这门课挂科的人很多，只要补考就好了。可是他学了一段时间以后，觉得自己学不会，就怎么都不肯学了。两次补考，他都弃考了。他不仅不向老师、同学求助，甚至不愿让任何人知道他有课程不及格，每天躲在宿舍不想见人。偶尔有高中的学弟、学妹加他微信，他一概拒绝了。

有一次我问他："为什么这次考试对你的影响那么大？不过是一次挂科，有很多人没考过啊！"

他说："我能考上这所大学完全是因为运气，现在被这门课打回了原形。"

在大学工作时，我经常遇到这样的学生。他们很聪明，但很容易因为一点点挫折而一蹶不振。他们有一个共同的特点："自我"很重。一帆风顺的时候，他们觉得自己很厉害；遇到挫折的时候，他们就觉得自己一无是处。但无论他们怎么评价自己，都特别关注自己的表现，特别关注别人会怎么看他们，都有很重的

"证明自己"的包袱。这种心理状态就叫作"脆弱的高自尊"。

是什么造成了这种脆弱的高自尊呢？有一种解释是，这类人在成长过程中受了太多的批评和指责，所以变得不自信。可是仔细想想，好像并不是这样。他们的成长经历里并不缺少肯定和表扬，相反，他们中的很多人就是在肯定和表扬里长大的。那是什么让他们在挫折面前变得这么脆弱呢？是僵固型思维。

努力比聪明更重要

腾讯创始人之一的陈一丹先生创设了"一丹奖"，它是全球最大的教育单项奖，奖金高达3000万港币，比诺贝尔奖奖金都高很多。第一届一丹奖颁给了成长型思维和僵固型思维的提出者——斯坦福大学的卡罗尔·德韦克（Carol Dweck）教授。成长型思维和僵固型思维到底是什么，能够让德韦克教授获此殊荣呢？这得先从她的一个著名实验讲起。

为了考察表扬对孩子的影响，德韦克教授找了几百个小学生、初中生，给他们做10道容易的智力测验题。这些学生完成后，有一部分学生被夸奖聪明："哇，你做对了8道题，太聪明了！"而另一部分学生被夸奖努力："哇，你做对了8道题，你一定很努力！"结果，在接下来的测验里，那些被夸聪明的孩子很多都不愿意选择更难的题目，哪怕那些题目能让他们学到新知识。

当研究者安排了一些很难的题目，所有孩子都表现得不好的时候，那些被夸聪明的孩子对解难题失去兴趣，表现直线下降。即使重新做一些容易的题目，都很难让他们恢复信心。相反，那些被夸奖努力的孩子越挫越勇，保持着对解难题的兴趣，而且表现得越来越好。

最后，当研究人员让他们在试卷上写下做题的分数和感受时，有40%左右被表扬聪明的学生撒了谎：虚报了自己的成绩，而且都报高了。

这个研究是颠覆性的。它证明了，夸孩子聪明不仅不会增加孩子的自信，还极大地削弱了孩子的抗挫折能力。

为什么表扬孩子聪明和表扬努力会产生这么大的区别？德韦克教授解释说，表扬聪明和表扬努力激发了孩子不同的心智模式。表扬聪明实际上暗示了这样的观点：人的能力是相对固定的，解难题只是证明一个人聪明不聪明的方式。一旦孩子接受了"人的能力是相对固定的"观点，而且被夸聪明，他们就会努力维护聪明的形象。这会使他们把注意力从挑战任务本身，转移到对自我的关注上来。这就是僵固型思维的特点。

相反，表扬努力暗示着：人的能力并不是固定的，一个人可以通过努力来发展自己的能力。既然人的能力并不固定，那些孩子就没有证明自己的包袱，自然就能把目光专注到努力本身。

"就此停止"和"更进一步"

想象一下，由于老板觉得你在过去的一年做得不错，而且你在这个部门已经待了好几年，你获得了公司的升职面试的机会。

你很期待这次升职机会。部门同事都觉得，你在过去一年工作得还不错，你自己也觉得还行。虽然在面试的时候，你有些紧张，但整体发挥不错。面试官大体肯定了你的能力，也提了一些不足之处。你觉得自己应该能获得晋升。

结果你落选了，你失望极了。你会怎么想这件事？

A.我真的已经很好了，落选只是意外。

B.我就是不够好，落选是应该的，是我高估了自己。

C.这个面试很不公平，不是老板对我有偏见，就是有内幕。

D.这次升迁的机会很重要，我失去了一次这么重要的机会，真是太遗憾了。

E.看开点儿，这次升迁没那么重要，工作也没那么重要。

F.生活就是这样，并不是总能一帆风顺。

你会怎么选择呢？

以上六个选项，代表了我们应对挫折和失望的各种方式。在这些选项里，A把落选的原因归为意外，B把落选的原因归为自己能力不足，C把落选的原因归为老板不公，DEF则各自找了一种说法，来安慰自己。

可是，这几个选项都仅仅停留在解释事情和安慰自己上，并没有想一个问题：接下来呢？

挫折让我们难受，我们需要时间和空间去处理自己的情绪。可是，无论什么原因造成升迁失败，生活和工作并不会因此停止。接下来要怎么做，才是更重要的问题。

曾有一个朋友跟我分享了自己老板的故事。他的老板工作认真负责，业绩也不错，所有人都以为她能升职成功。结果跟前面选择题里描述的情况一模一样：她没有获得晋升。这个老板跟下属的关系都不错，跟我那个朋友的关系尤其好。所以在得到消息的那一刻，她非常难过。她不停跟我朋友吐槽，说这一年工作这么辛苦，她做得都还不错，上司居然不让她晋升，真是太不公平了。直到凌晨两点，她还在微信上问：是不是我不适合这个部门？我要不要离职？

第二天早上去上班，我那个朋友还有些担心，想着要怎么安慰老板。结果老板已经风风火火地在布置工作了：这些事要赶快做好，那个项目要加快进度……

趁着没人，他偷偷问老板："怎么样了，你还难过吗？"

结果老板说："当然难过。可是昨天已经发泄过了，工作还要继续啊！"

这个老板心中自然有委屈，毕竟谁都不是铁血超人，不需要压抑自己的情绪。可更重要的是，她没有停止在委屈里，而是更进一步思考该怎么办。

僵固型思维和成长型思维的重要区别，就是让事情"就此停止"还是"更进一步"。

德韦克认为，一个有僵固型思维的人，在面对挑战时很容易放弃，因为他会担心困难的任务会证明自己能力不够。而一个有成长型思维的人会欢迎挑战，因为他会把挑战看作能力成长的机会。

僵固型思维的人觉得努力是一件可耻的事，如果需要努力才能做成一件事，说明自己能力不够。而成长型思维的人以努力为荣，他们觉得努力能够激发能力。

面对批评，僵固型思维的人更容易把批评当作对自己的负面评价，而成长型思维的人更容易把批评当作帮助自己改进的反馈。

看到别人成功时，僵固型思维的人会把它看作是自己的失败，因为别人做到了而自己没做到，说明自己不行。而成长型思维的人会从别人的成功中学习，吸取别人的经验，使之成为自己经验的一部分。

所有这些区别，其实都是在说"就此停止"还是"更进一步"。如果我们觉得能力是相对固定的，为了回避挑战带来的焦虑，关注的焦点自然不会落在发展上，容易让事情就此停止。而过多"思考自己行还是不行"，就是一种让事情"就此停止"的方式。

放下自我，与真实世界互动

僵固型思维的本质是一种防御心态。有僵固型思维的人，会把注意力从关注怎么做事转移到关注怎么维护"我很强"的自我形象上去，这很容易妨碍我们的学习和进步。

我的咨询老师是一个很严厉的老太太。每次督导，我们会提供一段自己做咨询的片段给她看，她给我们反馈。她的眼光很毒，语言又很犀利，这给我们很大的压力。

有一次，一个同学讲了她的一个咨询片段。刚讲了几分钟，老师就打断了她，说她在这里对个案的处理不好。那个同学很想为自己辩解，就说："不是这样的，我后面还有补充……"她想让老师往下看，老师不仅不看，还说："你给我一个片段，我就要评论这一个片段。"那个同学坚持后面还有补充，老师坚持不看。两个人僵在那儿，一来二去，那个同学就委屈地哭了。

这时候老师说："我知道你的委屈。你这么委屈，就是想告诉我，你这么努力，我却没有看见。你们总是习惯把我当妈妈，可我不是，我是老师。我不想让你往后翻，就是想让你记住我针对你前面这一段说的话。"

她顿了顿说："你来这里，不是为了证明自己正确，而是为了学习技能。学习技能，就是要学着把自己放下。"

把自己放下，对一个心理咨询师而言是很重要的事。在咨询室里，咨询师和来访者的谈话看似简单，实则信息万千、瞬息万变。如果一个心理咨询师有很重的自我，那他就容易在焦灼中抓住自己的想法不放。这样，他就很难听到来访者在说什么，咨询就会变成灌输和教导。

其实老师的督导，我早就领教过了。我第一次接受老师的督导，是我做的一对夫妻的个案。这对夫妻有很深的矛盾，在咨询室就吵得很厉害。丈夫走的时候，还撂下一句话："就你这水平，做什么心理咨询！"我觉得没做好个案，心生内疚，还一直很困惑到底发生了什么，于是向老师报告了这个案例。那时候我是一个新人，刚到这个班学习。

老师听完了咨询的片段，就问大家："你们觉得这个陈老师该不该骂？"

其他同学齐声说："该！"

"为什么呢？"

同学们七嘴八舌地提了各种意见，靠谱的不靠谱的都有。最后老师总结说："你该骂，是因为你在咨询里根本没听到别人说什么。你只想着你自己。"

然后，她就着对话一段段指给我看，这里我漏了什么信息，那里我又漏了什么信息。我就在旁边耷拉着脑袋，羞愧得都快哭了。

那时候我已经是一个经验丰富的咨询师了，只不过我的咨询经验大多集中在个体咨询。对家庭和夫妻治疗，我虽然已经接受了一些培训，却还所知甚少。

就算是这样，我也从没受过这种督导。我被来访者骂了，本来就已经受了很大打击，老师不仅没安慰我，反而扩大了这个声音。我觉得这简直是侮辱，甚至后悔来参加这个督导班了。

不过第二个月，我还是去了。老师看我来了，笑眯眯地跟我打招呼，说："我还以为你不会来了呢。"

我咬着牙说："我是来学东西的。"

那次督导中，老师给的意见，连同那种羞愧的感觉，牢牢地刻在了我的脑子里，我再也忘不掉了。

后来有一天再聊起这件事，老师说："如果通过难受会让你记住一些东西，我会这么做。学东西最重要的是要过脑，而不是过心。"

我知道她的意思，她说的是要把批评当作技能的反馈，而不是对自我的评价。

回想起来，我这几年最重要的进步就是从老师这里获得的。我学到的不仅是家庭咨询的东西，还有自我发展的道理。人需要把自我放下，才能让新的东西进来。

可是我仍然知道，把批评当反馈是很难的，因为我们每个人都有那个固定的自我的"壳"。我们需要它的保护，哪怕它阻碍了我们进步。

人总是兜兜转转于自己是什么样的人，好像搞清楚这个就能获得成长。所以我们会很在意自己聪不聪明。

现在我会觉得，聪明不是我们的特性，而是我们与环境的互动方式的特性。

如果这种互动方式好——世界向我们提出问题，我们努力解答问题——我们的能力就会在这一问一答中不断成长起来，所谓的自我也会变得丰富起来。

如果这种互动方式不好，比如，你觉得世界和他人太危险，这种互动就会中断。我们会把注意力投射到自我身上，以此来回避世界的挑战。你还可能会经常问自己：我是什么样的人？别人会怎么看我？我这么做是对还是错？我们原本是想通过解答这些问题来发展自我，但因为没有和世界的真实互动，自我发展反而停滞了。

所以，不要让这种互动停止。否则，你就会死守着一个僵化的自我评价停滞不前——无论那些评价是聪明、能干、懂事或者别的，也无论那些评价来自父母、师长、领导还是心爱的人。

不要太执着于自我。你是一个什么样的人根本不重要，你怎么跟世界互动才重要。

● 自我发展之问

在改变的过程中，你有自己的"壳"吗？它是怎么保护你的，又是怎么变成你进步的阻碍的？

回顾你目前或者曾经遇到的一个挫折，你怎么看这个挫折？遇到挫折时，你的想法是让事情"就此停止"，还是让事情"更进一步"？如果是"就此停止"的想法，那"更进一步"的想法又是怎么样的？

对世界的应该思维:
消极情绪是如何产生的

应该思维的本质

第一种防御型心智模式——僵固型思维——通过维护"我很强"的自我形象，阻碍我们发生改变。而应该思维作为第二种典型的防御型心智模式，它的本质在于不去认识真实的世界，反而试图让真实世界臣服于我们头脑中已有的规则，并在世界不符合头脑中的规则时，表现出怨恨、愤怒、焦虑或者沮丧。

在《荷马史诗》里，英雄奥德修斯（Odysseus）回家途中遇到一个妖怪。这个妖怪会把每个过路的人抓回去，让他们在一张床上躺一躺。如果过路人的身体比床短，妖怪就把过路人拉到跟床一样长；如果过路人比床长，妖怪就把长的部分锯下来。以前读这个故事的时候，我一直以为这个妖怪想杀人，现在我觉得它可能只是想找个人结婚。只不过，它头脑中设想的理想伴侣应该跟床一样长。

我们当然不会像那个妖怪一样蠢，可是，我们的头脑里经常会有类似的想法。比如，小时候，我们觉得父母应该更懂我们、更爱我们；读书的时候，我们觉得自己应该去更好的学校，取得更好的成绩；工作了，我们觉得自己应该进更好的公司，赚更多的钱；为人父母了，我们又觉得儿女应该更听话……

如果现实没有按照头脑中的假设来运行，我们就恨不得弄一张床，把现实改造一番。这就是应该思维。

应该思维分为两种：对世界和他人的应该思维，对自己的应该思维。我们先来看第一种：对世界和他人的应该思维。

消极情绪背后的应该思维

几乎所有消极情绪背后，都有应该思维的影子。

我见过一位母亲，她总嫌儿子拖拉、不懂事，问我有什么办法能让儿子听话。事实上，他的孩子没什么大问题，就是早上赖会儿床，晚上做作业有些拖拉。我问她想要一个什么样的儿子，她说："我的儿子就应该是那种聪明、听话、懂事、乖巧的孩子，所以当我发现他不是这样的时候，我就很生气，想要把他矫正过来，矫正成我理想中的样子。可是越这样，儿子越不听话，我们俩的关系就越僵，这让我很苦恼。"这位母亲的苦恼背后，就有"孩子应该怎样"的应该思维。她越是放不下这种"应该"，就越处理不好现实问题。

我的另一位来访者,因为职场焦虑而找我咨询。他刚换了工作,新公司的同事对他都很友善,只有一个同事对他爱理不理。他有问题去请教这个同事时,同事经常流露出一种"你连这个都不懂"的傲慢态度。来访者就非常生气,下决心要在业务上超过这个同事。因此,他对这个同事的任何表现都很在意。如果这个同事做得比他好,他就会非常焦虑和沮丧,甚至到了见到这个同事就紧张的地步。

这个来访者背后,也有很多应该思维。第一个应该,是他觉得所有同事都应该对他好,甚至觉得所有人都应该喜欢他。所以当同事表现出傲慢的态度时,他就非常生气。第二个应该,是他觉得,既然同事不尊重自己,他就应该超过同事。只有超过同事,他才能获得内心的平静。来访者的头脑中好似有一个励志故事的范本:好人凭借自己的不懈努力超过坏人,得到了众人的认可。当现实不符合这个故事范本时,他就非常焦虑。

这两个"应该"是相互加强的。他应该喜欢我,结果没有,所以我很受伤;因为我受了伤,所以我要超过他。来访者把所有的自我价值都放到了和那个同事的比较上,一旦发现自己有不如同事的地方,就会觉得自己很没用,并因此焦虑沮丧。

通过讨论,他意识到了自己情绪背后的应该思维。但他这样问我:"老师,你说的应该思维我理解了,可我就不能想超过他吗?"

容忍现实和愿望不一致

其实，无论是想要儿子变乖，还是工作中想要超过同事，这些愿望并没有什么不合理的地方。周星驰就说过：人如果没有梦想，和咸鱼有什么区别。

可是，**应该思维和愿望有一个最根本的区别，就是能不能容忍现实跟愿望不一致**。希望孩子乖巧、听话、懂事，这是愿望；可孩子常常会拖拉，这是现实。希望自己被人喜欢和尊重，这是愿望；可有时候就是有人不喜欢我们，这是现实。现实是不会跟我们讨价还价的，即使它让我们不舒服，我们也战胜不了它。就算我们要改变现实，也得在承认现实的基础上想办法。

可是具有应该思维的人看不到这一点。他们好像在跟现实赌气，觉得现实不应该这样。比如那个妈妈，当她对孩子不听话感到生气时，她好像在说：我必须要让孩子符合我的愿望。当我问她："如果这个年龄段的孩子就是会拖拉，怎么办呢？"她低着头倔强地说："肯定有办法让他改。"这时候，她的愿望已经超越了现实。

那个希望超过同事的来访者也是如此。当"超过同事"只是愿望时，就算愿望落空，他还有其他选择。比如，减少和那个同事的接触，眼不见为净，或者干脆换一个工作。可当他陷入"应该思维"的时候，他其实是在说：我必须超过这个同事。这样一来，他就看不到其他选择了。

"必须"和"应该思维"总是相伴相生。"必须"意味着，只能是这个结果。当结果不符合预期时，人们就会陷入严重的焦虑中。

应该思维和愿望还有一个重要区别：当我们想做一件事的时候，我们是愿望的主人，支配着愿望；可是当我们陷入应该思维的时候，应该思维变成支配我们的主人，我们只能服从于应该思维背后的规则，失去了自主性。

后来，我对来访者讲了"愿望"和"应该"的区别。我问他："让同事喜欢你，或者超过你的同事，究竟是愿望，还是必须要做的事情？"他想了想，觉得是愿望。我说："那你就想想，为什么这个愿望不是必须达成的，把你能想到的所有理由都列出来。"

回去后，他想了很多理由。比如，他的价值不需要通过这个同事来肯定；就算没超过同事，他也有进步；等等。慢慢地，他从应该思维中解脱出来，焦虑也逐渐缓解了。

区分愿望和现实

看到这里，也许你还是会有一些疑惑：如果只是把愿望当作一个完不完成都可以，而不是必须做到的事情，我们岂不是太容易偷懒了？

对于这个问题，我是这么想的。

首先，当一个人说"自己一定要做到"的时候，他并不是说自己一定能做成这件事，而是想表明他有投入和奉献的决心。这个决心和外在世界无关，仅和他自己相关。他愿意投入、奉献多少，都由他自己决定。但是，他决定不了一件事能否做成。就算他有很强烈的愿望想做成这件事，也不能奢望现实会迁就愿望，否则就变成了"应该思维"。

其次，如果一个人把决心看成愿望，而不是必须要完成的事，会让他做事更有灵活性。有时候，越是认识到有些路走不通，人们越会找别的路。越是接受现实，人们越能利用现实去实现自己的愿望，而不是在焦虑、抑郁和愤怒中跟现实怄气。

区分愿望和现实，是一个人成熟的标志，也是走出应该思维的关键。作为成年人，我们得接受，这个世界不是围绕着我们来设计的，宇宙根本不会理会我们的喜怒哀乐。世界有时候就是有很多不公平，人生就是有很多苦难和不如意。

如果你一直放不下头脑中关于世界的设想，就像一个孩子不能放下对童话世界的执念，脑子里就一直会有很多"这个世界应该怎样"的图景。当现实不符合这个图景时，你的心里就会生出忧郁、愤恨和沮丧。这些忧郁和愤恨最初源于你对这个世界过于乐观的想象，后来又变成你对世界感到悲观的理由。最后，你只会盯着现实与"应该"的裂痕，沉浸在失望中，没法多看一眼这个世界中美好的东西。这时候，你的生活就会在跟世界的较劲中逐渐停滞。这就是应该思维对自我发展的阻碍。

● **自我发展之问**

你最近一次对工作感到焦虑或沮丧是什么时候？当时发生了什么事？这背后有什么样的应该思维？

你最近一次对亲近的人发脾气是什么时候？当时发生了什么事？这背后又有什么样的应该思维？

对自己的应该思维:
我们为何无法接纳自我

自我烦恼背后的应该思维

除了对世界和他人的应该思维，还有一种对自己的应该思维。这种应该思维是对自我的"暴政"，让我们在压迫中找不到自己。

我参加各种活动时，经常有提问者说我回答问题的思路比较奇特。

有一次，一个男生问我："我常常为了达成一个很重要的目标，不得不做一些自己并不愿意做的事情，比如准备一场很重要的考试。可是我的身体好像不听使唤，经常拖延。怎样才能让自己有持续的动力做事呢?"

我赶紧摇头："我可不能帮你出这个主意。你这样问我，就好像你的身体里有两个自我，一个是压迫的自我，一个是无奈的自我，前者在逼后者做他不喜欢的事情。无奈的自我没有发言权，只能偶尔通过拖延表达一下不满和反抗。现在你想让我帮压迫的自我逼无奈的自我彻底闭嘴，我可不能这么做，我通常是站在弱者那边的。"

我这么说不是为了耍嘴皮子，而是我发现，几乎所有关于自我的烦恼背后，都有一个"应该自我"存在。这个男生背后的应该自我是什么呢？是我应该全力以赴、心无旁骛——哪怕这不是我愿意做的事情。

当他发现现实自我和应该自我有差距时，就会觉得自己可能有问题。如果我以正统的方式回答他，那我就认同了他那个应该自我的假设，也就认同了"他就是有问题"这个观点。可事实真是如此吗？为什么应该自我就是合理的呢？所以，我想通过看似奇怪的回答告诉他，没有什么是应该的，关于自己应该怎么样的设想，本身就是偏见。

有的来访者会问我："老师，难道我们不该对自己的人生提出更高标准的要求吗？"我们当然要追求更好的自己，但必须搞清楚"更好"的标准来自哪里——是来自我们的内心，还是来自外在的设定？

曾有一个朋友写信给我，说他28岁了，忽然醒悟了，觉得自己应该努力。所以，他每天只睡6个小时，周六、周日都不休息，努力学习。每次学习的时候他都很开心，可是一旦效率变低，他就觉得沮丧，觉得自己在浪费生命。有时候，他觉得目标遥遥无期，甚至觉得自己不如奋斗到猝死，就可以解脱了。他问我，该怎么理解这种心态。

我觉得，这种心态存在着一种自我强迫。这种自我强迫，就来自"我应该努力"的应该思维。

我们先想一下，身边那些真正努力的人是怎样做的。他们心里往往有一个想实现的目标，但他们并不那么关心自己努力不努力这件事。他们会把所有注意力放到做事上，只想把事情做成。这时候，努力是一种自主自发的状态，是创造活动产生的副产品。

可是，当一个人没有这样的目标，却觉得自己"应该努力"，会怎么样呢？他会想，虽然我不知道自己要做什么，可是成功的人都很努力。于是，他开始遵照内心的应该规则行事，读书、听讲座、学习。他并不知道目标在哪里，只是想要努力这种状态本身，因为应该自我的规则是——努力总是对的。

应该思维的本质是模仿

通过上面的故事，我们能清楚地看到，谁——是自我还是外在规则——在思维中为我们的行为设定标准会对行为产生巨大的影响。应该自我的追求会打乱人的自发和自主性，让一件原本自然自发的事情，变成一件被应该规则限制的事情，从而带来巨大的焦虑。

想一想，生活中，有多少人给你灌输过"应该如此"的信条？电视上的偶像剧在告诉你该怎样谈恋爱，精明的商家在告诉你什么时候该给情侣送什么礼物，婚礼上的司仪甚至会告诉你用什么样的套路拍出来的婚礼录像效果最好。虽然你可能根本不会去看结婚录像，但是在人生最重要的时刻，你不得不听从司仪的指挥——连你的爱，都变得标准化了。

太多的应该思维限制我们表达自身情感，甚至最终取代了真情实感的表达。这是自我的应该思维最大的问题。

"我应该如此"的应该思维，本质是用社会规则、他人的期待或者文化习俗代替我们自发的行动。所以，关于自我的应该思维，完整的句式是：**既然别人觉得应该这样，那我就应该这样；既然别人期待我这样，那我就应该这样。**

也许你会有点儿困惑，前文故事里的主人公，想努力、想改变看起来都是自主自愿的，没人逼迫他们，这难道不是自发的行动吗？其实，这不是自发的行动，而是模仿。

那个想努力的年轻人告诉我，后来，他感到自己懈怠了，为了鼓舞自己，买了很多书，但很少去翻；办了健身卡，但从来不去锻炼；作过很多计划，但从来没有认真执行。

这时的他更像在表演一场叫作"努力"的行为艺术。他并不真的想要继续努力，只是希望通过摆出努力的姿势，来满足心里"应该要努力"的想法。

一旦某个行为不是出于自发的，而是产生自某个"我应该如此"的观点，它就可能变成一种强迫性质的自我要求，就会逐渐偏离事情本身。努力会变成对努力的模仿，爱情会变成对爱情的模仿，感动也会变成对感动的模仿。

有一个词叫"刻奇"，就是为了和别人的情绪保持一致，刻意掩饰自己的真情实感。在我看来，它的本质就是一种模仿。比如，一个人因为身边的人都被感动了，他就觉得自己也应该一起感动。虽然没有真的被触动，但他还是表现出感动的情绪。这就是对感动的模仿。

可是，这种模仿并不是简单的"我知道自己的想法不是这样，就把自己的想法隐藏起来，表现出别人期待的想法"那种模仿。甚至在我们形成自己的想法之前，这种影响就已经产生了。也就是说，"自我"甚至来不及形成，就已经被外在的应该规则给替代了。自我成了应该规则的表达工具，而我们还以为是自己这么想、这么感受的。

可是，疑惑会一直都在。当你不认同某种规则，但迫于某些看不见的压力不得不屈从时，你的内心会产生一种分裂。这种分裂不是让你觉得自己被压抑了，而是让你看不清自己，不知道自己究竟是一个什么样的人，自己想要的究竟是什么。这是很多人在不停寻找自己的原因。

应该思维固化我们的想法

应该思维不仅会阻碍我们形成和表达真情实感，让我们的行为偏离事情本身，变成一种模仿；它还会影响我们的思维，造成思维上的非黑即白。

　　我接待过一个来访者，她觉得自己是一个善良的人，这是她理想的应该自我。有一次，她经过学校门口时遇到一个乞丐。这个乞丐伸手向她要钱，她犹豫了一下，没有给。这只是一件小事，可是她非常内疚，一直在想自己是不是不够善良了。她的内疚背后，就有"我应该善良"的应该思维，而与之紧密相连的是"如果我不给乞丐钱，我就不善良了"这种非黑即白的思维。

　　很多的烦恼背后，都是应该思维导致的非黑即白。比如，如果失恋了，就没人爱我；如果老板批评了我，我就没有能力；如果他没帮我，他就是一个坏人……

　　为什么应该思维会导致非黑即白呢？如果我们遵循的是自己的感觉，它常常是非常复杂的，也是自然流动的，有很多的灰色地带。有时候我们会对路边的乞丐有善心，有时候我们会对此熟视无睹甚至感到厌恶，这都是真实的感受。但是，如果我们依据应该的规则来作判断，就会非常不同。

　　应该的规则只有符合不符合、遵守不遵守，规则天生就是非黑即白的。我要么是一个善良的人，要么不是一个善良的人。我要么努力，要么不努力。一旦我们用理想化的规则限定自己，思维变得僵固，就很难容忍自我感受中和规则不同的部分。我们会扭曲自己的情感，让它符合应该的要求。

　　所以，应该思维不仅阻碍了我们表达真情实感，还固化了我们的思维。

找回真实的感觉

你有没有思考过，自己为什么会陷入应该思维呢？甚至越陷越深，让它成为理所当然的思维方式呢？

心理学家卡伦·霍妮有一个理论，她认为，人会陷入应该思维，是因为人们不断在外在世界中寻找被别人喜爱的"自我"标准，妄图创造一个理想的自我。

这个理想的自我通常是完美的，聪明、美丽、优秀、毫无瑕疵。当人们用幻想的自我来对照现实的自我时，会觉得自己像个冒牌货。他们努力维持幻想中的形象，害怕别人看到幻象背后真实的自己。这些理想的自我并不来自真实的自我经验，只是由很多"我应该很努力""我应该谈恋爱"的规则堆起来的。为了保护这个幻想中的理想自我，人们会变得非常死板，会排斥内心跟应该自我不同的情绪感受和体验。这样一来，人们就被这些应该的规则支配了，成了它们的提线木偶。

那么，我们该如何跳出应该思维，逃脱这个"暴政"呢？

简单来说，就是找回自己的感觉，能够意识到外在的规则是如何影响我们的，并作出自己的选择。自己的感觉虽然模糊，但它是真实的。

可是，要做到这一点很不容易。因为"应该"背后，常常不仅是规则，还有更多认同这些规则的大众、你的家人和朋友，甚至权力机构。有时候，找回自我意味着我们要有勇气诚实地面对自己，哪怕自己的想法和感受与他人不同。至于怎么让自己从他人的影响中独立出来，我会在第三章继续探讨这个问题。

● 自我发展之问

你是否有过这样的经验：在某些场合，大家都在吹捧某个人，你也跟着吹捧，虽然你并不那么认同这个人；或者在某些场合，大家都表现得很感动，你也跟着感动，虽然你并没有太大感觉。

这类经验背后有哪些对自己的应该思维？它反映了你和周围人什么样的关系？这种"应该"对你的影响是什么？

绝对化思维:

人为什么会陷入悲观主义

习得性无助

除了僵固型思维和应该思维,还有第三种典型的防御型心智模式——绝对化思维。

为了更好地介绍绝对化思维,我先介绍一个经典的实验。20世纪60年代,美国前心理学会主席、积极心理学之父马丁·塞利格曼(Martin Seligman)做过一个实验,研究狗是怎么得抑郁症的。他在学术界成名,就是由这个实验开始的。

他把两群狗赶到A、B两个笼子里,并给笼子通电。A笼子和B笼子用一根铁杆接通,所以两个笼子里的狗都经受了同样的电击。区别仅在于,A笼子里有切断电源的杠杆,而B笼子没有。被电击很痛苦,狗就在笼子里跑来跑去找办法。A笼子的狗很快学会通过按杠杆切断电源,而B笼子的狗却什么都做不了,只能等着 A 笼子的狗切断电源。

后来，他把这两群狗分别放到 C 笼子里。C 笼子并没有杠杆，但是很矮，只要奋力一跃，狗就能跳出笼子。他给 C 笼子通电时，A 笼子里的狗到处找杠杆，没有找到，但它们很快学会从 C 笼子里跳出来。而 B 笼子的狗却只会趴在笼子里，"呜呜"哀号着经受电击，一动不动。

为什么 A 笼子的狗会不断尝试跳出笼子，而 B 笼子的狗受了电击却一动不动呢？答案是，B 笼子的狗不仅受了电击，而且习得了一种信念：我做什么都没用。不是电击本身，而是电击造成的这种信念，让 B 笼子的狗放弃了挣扎。塞利格曼创造了一个著名的心理学概念来总结 B 笼子里狗的表现，叫作"习得性无助"，并认为这种习得性无助是抑郁症的根源。

绝对化思维的本质

其实，我们也经常会陷入这种习得性无助中。

比如，工作压力会让我们觉得，再努力都赶不上进度，干脆破罐子破摔了。失恋也会让我们产生习得性无助，再也不相信自己能遇到好的爱情。任何回避行为和抑郁情绪背后，都有这种习得性无助的影子在。在这种习得性无助中，我们经常觉得"再做什么都没用了"，这种思维就是一种绝对化思维。

绝对化思维的本质是什么呢？它跟人类的抽象思维能力有关。

演化到今天的人类其实是很脆弱的。相比其他动物，人类没有发达的四肢，没有敏锐的视觉、听觉和嗅觉，生存下来靠的是大脑抽象思维的能力。这种抽象思维能力擅长总结规律，提高生存率，但是容易把所受的伤害抽象化，扩大防御范围。**绝对化思维，就是对伤害的抽象化。**

对伤害的抽象化好比每次遇到痛苦的事情，我们就在心里埋下一颗地雷。这颗地雷很危险，一被接触，就会激发我们应激性的情绪反应。为了避免接触这些创伤性事件，我们就在心里竖起警示牌，标定出不要轻易靠近的危险区域。感受过的痛苦越大，警示牌标定的危险区域就越大。久而久之，我们的活动空间变得越来越小，逐渐无路可走。

举个例子。有个叫小 A 的年轻人刚毕业不久，到一家创业公司工作。由于公司刚起步，他每天都要加班到很晚。老板因为压力很大，对他非常挑剔，常常骂他。结果，工作了半年，他被开除了。这是一个创伤事件，给小 A 留下了心理阴影。

如果他受的伤害比较小，他可能会觉得自己不适合这家公司的工作，对重回这家公司有恐惧，这是正常的反应。

如果把防御的范围扩大一些，小 A 可能会觉得自己不适合去创业公司工作，这就把所有创业公司都排除了。

如果他的防御范围再扩大一些，小 A 可能会觉得自己不适合去公司工作，也许应该考个公务员。

如果再扩大呢？他可能会觉得自己不适合工作，根本没办法应付职场中的人际关系、工作压力。他的防御范围就扩大到了所有工作，他可能会选择当一个啃老族。

从工作的这家公司很可怕，到创业公司很可怕，到公司的工作很可怕，到工作本身很可怕，被开除这件事对小A的伤害越大，他心中的信条就越抽象，思考方式就越绝对化，防御的范围就越大。而防御的范围越大，自我的活动空间就越小。同时，他对挫折的思考越绝对，情绪反应就会越大，悲观和沮丧的感觉就会越强烈。这进一步妨碍了他往外去拓展生活。他的生活，就这样逐渐静止了。

绝对化思维的三种抽象方式

对挫折的绝对化，正是绝对化思维的本质。如果你陷入了悲观和抑郁当中，很可能已经对自己经历的挫折做了绝对化的加工。那么，头脑到底做了什么样的加工呢？塞利格曼提出，绝对化思维是从三个方向对挫折做了绝对化加工的——永久化、普遍化、人格化。

永久化就是在时间维度上让我们觉得某件事会一直发生。举个例子。最近公司业务繁忙，需要经常加班，员工当然不爽。员工会怎么理解这件事呢？有的人可能觉得最近工作很忙，有的人可能觉得工作没完没了。

前一种想法是把工作忙限制在一定时间内，过一段时间可能会不一样，这给变化留下了空间。后一种想法认为这种状态持续的时间是永久的。一旦把一件事情永久化，人就看不到变化的希望，自然就会悲观沮丧。

时间上的永久化，也体现在我们对自己的评价和判断上。假如经常加班导致你这段时间很疲惫，你既可以觉得自己状态不好，有些累，也可以觉得自己很没用，完蛋了。累坏了是一种暂时的状态，它其实隐含着解决方案，比如休息一下。而完蛋了是一个永久性的判断，就没有变化的可能了。

永久化还会体现在我们对他人的判断上。在我的咨询室里，吵架的夫妻常说的话是"你总是这样，你总是那样"。比如，妻子会指责丈夫："你总是只想着自己，你总是不回家。"丈夫会回击："我只是偶尔一两天有应酬，而你总是大惊小怪、无理取闹。""总是"就是一种时间上永久化的说法。遇到这种状况时，我会问他们："你说丈夫总是不回家，你说妻子总是大惊小怪，有没有例外呢？"

如果丈夫有早回家的时候，如果妻子有体贴丈夫的时候，就不能说"总是"了。我会纠正他们的语言习惯，用"有时候"代替"总是"。相比"你总是不回家"，"你有时候不回家"的指责意味是不是少了很多？

绝对化思维的另一种加工方式是普遍化。所谓普遍化，就是从一只乌鸦黑，推广到天下乌鸦一般黑；从一个男人不可靠，推广到天下男人都不可靠。如果有人对我不公平，那整个世界对我都不公平。小 A 从这家创业公司的工作不好，推广到所有工作都不好，就是一个普遍化的例子。

除了永久化和普遍化，绝对化思维还会做一种加工——人格化。所谓人格化，就是觉得所有不好的事情都是因为某个特定的人而发生的。一件事的发生，其实有很多因素。如果我们把事情绝对化成都是别人的错，就会有很多的愤怒和指责。如果绝对化成都是自己的错，就会有很多的内疚和自责，忧郁就常常因此而起。

有个朋友因为工作的事情找我做过咨询。他在金融行业做销售，每天要给很多高净值客户打电话，推荐公司的理财产品。这些客户对电话销售当然不是很热情，有些人会客气地说不需要，有些则直接挂了。他有些抑郁，认定是自己很讨人厌才会遭到拒绝，觉得自己很没用。这就是一种人格化。

我问他："那些接到电话的人知道你是谁吗？"

他说："不知道，有些刚听了'你好'就挂了。"

我又问其他同事的情况，他说跟自己差不多。

我说："既然他们都不知道你是谁，既然其他同事的遭遇也差不多，为什么你觉得那些客户就是在针对你呢？那些人有自己的需要，他们不想被打扰，这是能够理解的。觉得他们针对你，觉得自己有错，是你想太多了。"

他想了想，觉得有道理。为了提醒自己，他做了一张卡片，上面写着：不是我的错。再被拒绝，他就不会那么郁闷了。

出现问题的时候，觉得一切都在针对自己，都是自己的错，是人们常有的心理反应。也许你看过这样的电影片段，主角遇到了倒霉的事，对着天空喊："老天爷，你为什么要针对我，我究竟犯了什么错！"这就是一种人格化。我们经常会对坏事产生一种奇怪的内疚，有时候明明自己是受害者，却觉得这是我们的错。这种扩大了的防御范围，让我们陷入不必要的内疚和自责中。

回过头来看，绝对化思维的问题出在哪里呢？人生在世，会经历很多失去、疾病、拒绝、失败，这些痛苦的经历就是我们生活的组成部分。如果我们愿意接纳这些痛苦，它们就会慢慢过去。如果我们陷入对这些痛苦无休止的防御，这些防御不仅不能消除痛苦，还会让我们远离当下的生活，在思维的陷阱里备受折磨。绝对化思维最大的问题，是为了防御可能的危险，把生活封闭在真空里，让我们不敢接触现实，从而失去了从生活中获得疗愈的机会。就像那群得了抑郁症的狗，明明轻轻一跃就能跳出笼子，却再也不敢尝试。如果生活是一条河，绝对化思维让生活变成了无源之水。

防御型心智模式让我们停止自我探索

总结一下，我们可以看到，三种防御型心智模式都有自己防御的东西。僵固型思维，防御的是我们内心完美自我的形象。应该思维，防御的是我们内心已有的规则。绝对化思维，防御的是可能产生的伤害。同时，这三者又有很紧密的内在联系。

假设父母夸一个孩子聪明，这是一种抽象的评价，会让孩子陷入自我证明的陷阱中，孩子会努力维护聪明的形象，从而回避挑战。这就是僵固型思维。

然后孩子会发展出这样的思维方式：我应该表现得聪明，否则就没有人喜欢我。这就是应该思维。

接下来，如果孩子在某件事上没有做好，比如一次考试失败，那他就会想：我连考试都通不过，这就证明我不够聪明，再做什么都没有用。这就是绝对化思维。

所以，僵固型思维、应该思维和绝对化思维通常是同时出现的。它们的核心特点，就是用抽象的思维方式阻止我们跟现实发生联系，并让我们与世界的互动逐渐停止。

我曾读过一本小书，叫《有限与无限的游戏》，书里介绍了两种游戏。一种是有限游戏，它有明确的规则，也有明确的起点和终点。玩家的任务就是尽快结束游戏，并成为赢家。它假设了一个明确的终点，在这个终点处，玩家要么赢，要么输。可是，还存在另一种游戏，是无限游戏。它没有明确的胜负，玩家最重要的目标是让游戏继续下去。

我觉得，防御型心智模式是把人生看作一个有限游戏，把一时的挫折当作最终的结果，因而想尽办法避免失败或犯错。可我们的人生更像是一个无限游戏，错误和挫折并不是游戏的终点，而是游戏的一部分。无论我们遇到什么，游戏总还在继续。而我们所能做的，是想想从暂时的挫折和失败中积攒了什么样的游戏经验，然后给自己加满血点，整理装备，重新出发。

● 自我发展之问

想一想，最近发生的一件让你感觉不好的事情是什么？如果用绝对化思维思考这件事情，你会怎么想？

如果不用绝对化的思维呢？什么样的想法会让你感觉更好一些？

创造性思维：
找到持续行动的张力

防御型心智模式会让人无法与现实有效互动，从而失去了成长的机会。与此相反，成长型心智模式则推动人们不断创造，与现实发生互动，从而实现心智的自我进化。那么，如何发展成长型心智模式呢？

我会在下文，分别介绍发展成长型心智模式的三种方法——目标导向的创造性思维、思考行动的控制的两分法，以及直面现实的近的思维，并探讨思维的进化规律。

目标和张力

一条河要流动起来，需要三个条件：河流源头和终点的落差产生的张力、控制河流走向的河道和不断补充的源头活水。如果没有落差，河水就会停止流动；如果没有河道，河水就会失去方向；如果没有源头活水，河水很快就会枯竭。

其实，成长型心智模式也是如此，它会让我们的自我不断发展。具体地说，河流的落差就是目标与现实的差距，它推动人去行动；河道就是行动的方法；源头活水就是与现实的接触。如果没有目标，就不会引发行动；如果没有方法，行为就会变得盲目无效；如果没有跟现实的接触，思维就会变成头脑中僵固的规则，不会有什么发展。

对改变而言，我们遇到的第一个问题就是关于张力的——很难有持久改变的动力。

曾有一个读者跟我交流她的改变历程。她说："决定改变的当天，我就制订了满满的计划，一项项高效地完成了。第一天，我很开心。第二天下午，我觉得有点儿累，没有完成当天的任务，很沮丧。第三天，我开始拖延，一项任务都没有完成。第四天，我开始思考这么做有什么意义。我的生活就是不断完成任务的过程吗？这些无趣的任务有什么意义呢？看来我缺少一点儿价值感，一点儿奋斗的理由和梦想。于是，我花很长的时间思考诸如'我的梦想是什么''我活着是为了什么'的问题，开始关心人生的意义。"

可以预见，对人生意义的寻求不会帮她找到可持续改变的动力，只会变成又一轮颓废、拖延、沮丧和振作的开始。也许你也经历过这样的循环：打满鸡血，一鼓作气，再而衰，三而竭，最后回到颓废的状态，等着下一次再打满鸡血。这样的循环多了，就算有了动力，我们也会怀疑：改变是否有可能？

这个读者的问题在哪里呢？可能有人觉得她需要一个目标。其实，她是有目标的——不想让自己颓废。可是这个目标为什么没能给她带来持续行动的动力呢？

创造的思维结构

我很喜欢的一本书叫《最小阻力之路》，作者是罗伯特·弗里茨（Robert Fritz）。他原来是名作曲家，后来根据自己的创作经验，开发创造力课程。在这本书里，他区分了两种产生张力的思维结构：创造的思维结构和解决问题的思维结构。他说，只有创造的思维结构才能产生持续的张力，而解决问题的思维结构是没有持续张力的。

创造的思维结构是什么样的呢？就像画家想画一幅画，作曲家想谱一首曲子，他们都有一个确切的、想要做出来的东西，这就是创造的思维结构。反之，如果用解决问题的思维结构创作，就会陷入那位读者面临的困境。她的目标是"别这么颓废了"，与之对应的行动的张力是缓解问题带来的焦虑，而不是类似完成一幅画这样确切的东西。只要努力一有成效，焦虑就会缓解，焦虑带来的张力就会消失。张力一消失，她的行动就会减少，直到问题重新让她变得焦虑，这种张力才会再次积聚起来。所以才会出现从打鸡血到颓丧的不断循环。

那怎么才能打破这种循环呢？一些人想到的策略是拼命夸大

问题的严重性，通过谴责自己制造焦虑，以获得行动的张力——只要问题在，张力就在。所以有的人稍有懈怠，就会恶狠狠地对自己说"问题已经很严重了，再不改变就完蛋了"之类的话。可是，他们在强化行动张力的同时，也强化了问题本身。为了保留这种张力，不敢让问题好转的做法，只能让自己变得悲观。所以，有些人虽然取得了在外人看来挺成功的学业或事业，但在内心里，他们自己并不认同、享受那些成功。他们需要以"问题"和"挫折"作为行动张力，持续鞭笞自己向前。这样的思维结构显然并不奏效。

创造性思维制造张力的方式与解决问题非常不同。以我自己为例。有一段时间，我一直有拖延的毛病，而我很不喜欢这种拖拖拉拉的感觉。为了治好自己的拖延症，我专门写了一本小书叫《拖延症再见》。前段时间，我打算写《拖延症再见2》，因为我发现自己的拖延症还没好。可当我要动笔的时候，拖延症忽然不治而愈了。

是我找到了治疗拖延症的秘方吗？不是。是因为我开始准备得到App"自我发展心理学"的课程了。从构思这门课开始，它就变成我心里一个很重要的未完成事件。读书、收集资料时，我的脑子里都在想它，这让我的生活变得紧张而有效率。反之，如果让我凭空努力，哪怕我知道再多克服拖延症的方法，都不会有效。

为什么创造性思维会产生足够的张力？《最小阻力之路》的作者给出了一个既在意料之外，又在情理之中的答案——因为爱。

"自我发展心理学"这门课的内容，就脱胎于爱。当这门课还只是我脑子里的一个构思、一个念头的时候，我就很爱它。因为这门课里有我关心的问题，有我想讲给听众听的东西。想把它从一个理念变成现实的冲动，变成一种持续激发行动的张力。

后来，课的内容经过扩充和整理变成了这本书。写这本书的过程同样如此。有时候，当我想到某一个点会让书变得更精彩，我就会激动不已；有时候，我甚至会想象拿起这本书的你会怎么读它。这种张力不会让我三天打鱼两天晒网，只要这本书还没完成，张力就会持续存在。我越爱它，越希望它问世，张力就越大，就越会推动我持续行动，直到它最终完成。

这就是创造性思维。它就像生一个孩子，生孩子的过程并不需要我们强迫自己努力，我们只需要爱这个孩子就可以了。

如果把这种思维方式扩展一下，我们也可以把人生看作是一个创造的过程，一个把我们心里钟爱的理念变成现实的过程，而不是解决问题的过程。当然，这并不意味着我们不需要解决问题，但是解决问题不应该成为行动的动力，我们热爱的、想要实现的东西才是。

行动的持续张力

创造性思维把事情分成了简单的两部分：一部分是我们想要完成的作品，另一部分是我们面临的现实。这两者之间，有一种永恒的张力，激发着我们的行动。因此要想成事，我们只有想完成的作品还不够，还要能够面对现实。

我有一个朋友，他想从事研究工作，可是经济上暂时有些困难，没法继续读书深造，只能做一份他不那么想做的工作。为此，他很苦恼，觉得自己为钱放弃了理想，问我该怎么办。其实，很多人都有这种疑问：我有自己的目标，想去实现自己的梦想，可是现实不允许，怎么办？

生活不是美好的乌托邦。暂时没钱去追求梦想，这就是一个现实。创造性思维并不是让我们忽略现实，相反，它让我们承认现实的无奈，让我们用一种不同的目光去看待现实——把现实看作创造的条件限制。而解决问题的思维，会把限制看作目标是否成立的前提。创造性思维的人可能会想：我想读书深造，可是现在没钱，怎么才能实现目标呢？如果钱是创造的前提条件，那我要先去挣钱。这样一来，当他在挣钱的时候，他是知道自己为什么这么做的。可是，解决问题思维的人会想：我连钱都没有，还谈什么读书深造，这压根儿就不现实。于是，他会放弃自己的目标。

这就是创造性思维和解决问题思维的根本区别。

创造性思维是以目标来思考现实，先想我要什么，再想现实是怎样的，环境能够提供什么，想办法弥补目标和现实之间的鸿沟。而解决问题的思维是以现实来思考目标，先想环境能够提供什么，再想自己的目标是不是现实，该树立怎样的目标。

曾有个年轻人问冯仑："我想创业，可是没有钱怎么办？"冯仑说："创业的人都是先有梦想，再去找钱，想办法实现梦想的。有了钱才去创业，那就不叫创业了。"

● 自我发展之问

你有没有想过要创造一个作品？你爱这个作品吗？它跟现实的鸿沟是什么？你能做哪些事去跨越这条鸿沟呢？

控制的两分法：
把目标变为行动

控制的两分法

创造性思维能够制造张力，可是让思维这条河持续流动，光有张力还不够，因为并不是所有张力都能变成真正的行动力。有时候，我们会用幻想来缓解这种张力。我们还需要一些踏实的、能够引发有效行为的思维方式，把张力变成真正的行动力。

不知道你有没有这样的体验，当你为自己的碌碌无为感到内疚时，自然就会下决心改变。而下了决心或者做了计划以后，你的自我感觉就好了很多。当然，只是感觉好而已。大脑分不清什么是计划和决心，什么是真正的行动。有时候我们下了决心、做了计划，大脑就误以为我们已经做过了，行动的张力就被消减了。

所以我们看到，人们买了很多书，却从来不读；买了很多课，却不好好听；办了健身卡，却从来不用。人是会自我欺骗的。在一个人幻想读完这些书、听完这些课、做完这些健身运动的时候，书、课、卡已经完成了它们的功效。它们都是完成幻想的素材，人们会买它们，本来就只是为了减轻目标带来的张力。

这就需要我们在高远的目标之外，寻找一种现实的思维，来为此时此地的行动提供指导。

有一次我去学校做讲座，有个同学对我说："我有一个远大目标，成为像我老师那样的科学家。可是当科学家需要先考GRE，要去国外读博士。读博士要读很多文献，发表论文，还要组建自己的实验室。其中任何一个环节稍有差错，就会功亏一篑。一想到这些，我就很焦虑，觉得眼前的事很没意义，什么都不想做。"

看起来他有远大的目标，这个目标似乎提供了足够的张力，可是这个目标的容错率非常低。就像一架仪器，看起来设计精密，其实很容易坏。更大的问题是，这个目标并没有和当前的计划相联系。这让这位同学变得非常心浮气躁。

那么，我们如何把目标转化为行动的动力呢？

还真有一种增加动力的思维方式，我叫它"控制的两分法"。

有一句祈祷词是这样说的："上帝啊，请赐予我勇气，让我改变能够改变的事情；请赐予我胸怀，让我接纳不能改变的事情；请赐予我智慧，让我分辨这两者。"

如果把这句祈祷词精简一下，就是**控制的两分法：努力控制我们能控制的事情**，而**不要妄图控制我们无法控制的事情**。前半句的意思是专注精进，后半句的意思是顺其自然。只有把这两句话结合起来，才是既保持积极上进，又保持内心平静的方法。

作为一名心理咨询师，我发现大部分人的烦恼都在于妄图控制自己不能控制的事情，却不对自己能够控制的事情行使控制权。

生活中有太多我们控制不了的事情。我们控制不了自己的过去、生活的环境，控制不了原生家庭。我们控制不了别人对我们的评价，控制不了别人是怎么想、怎么做的，更控制不了别人是否会喜欢我们。我们还控制不了一个基本的事实：所有人都会死，而且我们不知道自己什么时候会死。只要不承认某些东西是我们控制不了的，我们的脑子里就一直会有一个"它应该是这样"的图景。某种意义上，前面介绍的应该思维就是我们对控制不了的事情的执着。

什么是我们能控制的部分呢？如果你想锻炼身体，你可以控制自己是否早起、晚上是否去小区散步，还可以控制自己的饮食。就算不能控制自己每天都锻炼身体，每周至少可以保证锻炼一天。可是我们并不愿意控制这些，因为这些事情看起来太微小了，不能马上改变结局，我们宁可由着性子去想那些自己控制不了的事情。

所以，**控制的两分法的第一步，是思考担心的事情里，哪些是自己能控制的，哪些是控制不了的，并把注意力转移到自己能控制的部分。**

认识到很多事情是自己控制不了的，是一种心智上的成熟。

精神分析里有一个词叫"全能自恋"，意思是婴儿觉得自己是无所不能的，只要一动念，母亲就会来喂奶，只要一哭，就有人来安抚自己。随着心智的发展，我们会逐渐认识到，这个世界不是围绕我们的想法运行的。只有认识到自己没法控制很多事情，我们才能把注意力集中到能控制的事情上去。

控制不是妄想

但是，很多事情不是非此即彼的。有些事既有能控制的部分，又有不能控制的部分，该怎么办呢？比如，给同事留个好印象这件事。同事怎么想虽然不能控制，可是一个人勤快一些，多帮一些忙，给同事留下好印象的机会似乎会多一些。

对于没办法完全控制的事情，可以使用**控制的两分法的第二步：把能控制的部分找出来，并作成计划，努力把它做好**。

我遇到过一个博士生，他还需要发表一篇SCI（《科学引文索引》）的文章才能毕业。他很焦虑，向我咨询，我们就谈到怎么订目标、作计划。他说："老师，你说得似乎很有道理，但发表文章不是我能决定的。我既不知道实验数据是否理想，也不知道导师是否有空帮我改文章，更不知道编辑会持何种态度，我作计划有什么用呢？"

他说的是实情。这种不确定、不可控的感觉很糟糕，很多人因此陷入拖延的泥潭。可是仔细思考就会发现，每个不可控的事情背后，都有可控的成分。比如，他虽然不知道这次实验的数据是否理想，但知道多做几次实验会有更大机会获得理想数据。他不知道导师是否有时间修改文章，但知道多催导师几次，导师更可能给出反馈。这些"知道"的部分，都是他能做的工作。所以，如果把事情背后可控的部分找出来，并作出计划，那我们就不会陷入焦虑的虚无当中，因为我们一直有事可做。

听完我的建议，博士生点了点头，但他接着说："可是，老师，按时毕业对我来说真的很重要，我连工作都找好了，万一毕不了业，可怎么办！"他焦急地看着我，似乎就等着我给他一个保证，保证他这么做，就一定能够毕业。

他的话让我想起了另一个例子。有一次，我去一家公司做关于拖延症的分享。有位听众站起来问我："我想好好利用自己的业余时间，就给自己制订了很多目标。身体很重要，我计划每周去跑至少三次步，为此办了健身卡。公司经常有外派出国交流的机会，所以我计划好好学英语，为此报了培训班。同时，我还想读很多经管和商业领域的书，来扩展视野。可我每天一回到家，还是刷手机、浏览网站、打游戏，时间不知不觉就过去了。我觉得自己有拖延症，请问怎么才能有所改进？"

我问他："既然做不到，你为什么还要制订这么多的目标呢？"

他的回答跟那个博士生一模一样："可是我能放弃哪个呢？这些目标对我来说都很重要啊！"

　　这是一个很有趣的现象。在我的实践中，大部分人都会觉得，控制的两分法对控制他们的焦虑是有用的，可是很少有人能真的做到。因为他们的思维会被另一个问题带走：这件事对我重要吗？

　　这是人自然分配注意力的原则，人的习惯，是思考一件事重不重要，而不是思考这件事能不能控制。而这种思考方式，会把他们的目光引到对最终结果的担忧上，而不是此时此地的行动上。

　　从直觉上看，这样的想法似乎有道理。可是再仔细想想，我们就会发现这种思维方式的漏洞。就算一件事很重要，但那又怎样呢？因为它很重要，我们就能控制它吗？还是因为它很重要，我们就应该担心它呢？如果是前者，就是一种典型的"应该思维"。如果是后者，我们任由担心引发焦虑，就等于放弃了自己的控制权。明明能够通过控制的两分法让自己变得专注一些，却一定要任由焦虑破坏自己的行动力，结果不仅重要的事没做成，很可能连眼前的事也没做好。

　　如果仔细思考，你会发现，僵固型思维、应该思维和绝对化思维的问题都在于，没有好好区分哪些地方是我们能够控制的，进而失去了行动的能力。比如，僵固型思维就把注意力放到了我们不能控制的聪明上，而没有放到我们能够控制的努力上；应该思维则是试图用头脑中已有的规则去控制世界、自己和他人，如果我们控制不了，就会变得焦虑、沮丧或怨恨；绝对化思维先用绝对化的要求把我们的控制范围无限扩大，又让我们因为受到挫折，放弃自己能够控制的因素。所以控制的两分法，是帮助我们走出防御型心智模式的有效思考方式。

● 自我发展之问

回想一个让你焦虑的问题。在这个问题里，你能控制的部分是什么，不能控制的部分是什么？从你能控制的部分里找一件事情，尝试着做一下。

近的思维:
如何走出焦虑

近的思维和远的思维

一条河流要流动起来，有三个条件：张力、河道和源头活水。创造性思维可以制造张力，控制的两分法可以让张力变成行动力。而找到河流流动的第三个条件——源头活水的方法，就是与现实接触。

为什么现实是源头活水？在构思这一部分内容的时候，我去运河边散了会儿步。当时，运河边的花都开了，桃花、樱花、梨花，五颜六色，很多蜜蜂正忙着采蜜。清风拂面，水波荡漾，孩子们绕着广场跑来跑去。一个父亲懒洋洋地坐在椅子上，偶尔瞟一眼不远处的孩子。旁边有一对情侣，正相互偎依，说着悄悄话。

现实就是一部永不落幕的戏剧，随时随地都有新鲜事发生。唯一不同的是，你是否愿意走近看它，能否敞开心灵感受它。

控制的两分法要求我们控制能控制的事情，就是要我们走近了，去感受眼前正在发生的事实。它要求我们用一种近的思维来看事情、想事情。

所谓近的思维，就是关注真实的、正在发生的、近的事情。这些事情是流动的，在特定的情境里，会不断发生变化。与它相对应的就是远的思维，是指关注想象中的、抽象的、远的事情。这些事情是静止的、僵固的，是我们头脑中已有的东西，与现实的情境无关。

近的思维会不断跟现实接触，让现实改变自己的思维方式。而远的思维只注重头脑中的规则，只能看到自己想看到的东西，拒绝改变。

在某种意义上，僵固型思维、应该思维和绝对化思维都是远的思维方式。僵固型思维不看重现在正在做的事情，不看重我们付出的努力，而是评价我们这个人怎么样，聪明不聪明，是远的思维。应该思维只执着于头脑中原有的规则，而不关注正在发生的事情，也是远的思维。绝对化思维把一件现在发生的坏事，用永久化、普遍化和人格化的方式进行概括、推演，还是远的思维。正因为这些思维比较远，所以很难带来改变。

其实，远的思维会存在是有一定道理的。我们面对的信息无穷无尽，必须把一些信息封装起来，放到头脑里，让它们变成头脑中的概念、观点、评价，变成一些刻板印象，帮助我们快速做决定，解决问题。远的思维能够帮助我们省略加工需要的认知资源，同时，因为抽象和简略而具有确定的性质。

但是，远的思维限制了我们的成长。如果固守远的思维方式，我们就看不到正在发生的事情，新的东西就不会进入头脑，我们的思维就不会变化。打个比方，远的思维像是看电视。我们觉得自己能看得很清楚，但那些画面都是导演想让我们看的。而近的思维像是在拍摄现场，也许细节太多，没法看全，但是我们会看到更多、更真实的东西，因为我们在那里。

学习正念的时候，我的老师对我说过："很多时候，我们的心都是浮的，有很多念头产生，这些念头把我们带离了此时此地。为了让心安顿下来，你就需要有一个焦点。如果你在这个焦点上保持足够长的时间，就会变得专注。一专注，你就在这件事里面了。"

近的思维，会把我们带到此时此地发生的事情里。而用远的思维去想一件事的时候，我们其实没在事情里面。正念很强调专注当下，强调此时此刻，这跟近的思维是一样的。所以，我把近的思维叫作"正念思维"。

掌握近的思维方式的三条原则

如何才能掌握近的思维方式呢？

思维是以语言为载体的，学习一种新的思维方式，就是学习一种新的语言。经常有焦虑的来访者对我说，"这一切有什么用呢""我为什么总是这么糟糕""我根本做不到"。"一切""总是""根本",这些关键词就是远的语言的特征,它们是非常概括和抽象的。当我们这么想的时候,基本上没有能够控制的事情了。相反,近的思维是生动的、丰富的,总是充满了变化的可能性。

有三条原则,可以帮助我们掌握近的思维方式。

第一条原则,用描述性语言,而不用评价性语言。

描述性语言,就是不加评价,不用形容词,只用动词描述正在发生的事情。它有点像镜头语言。在电影里,导演不会告诉观众他是怎么想的,或者角色是怎么想的,它只会如实呈现演员的表情、动作和对话,让观众自己感受。而观众感受到的,都是很近、很鲜活的东西。

为什么要用描述性语言而不用评价性语言呢?因为评价性语言已经用我们头脑中的观点、想法对信息进行了封装和加工,信息一旦被评价性的语言封装起来,就有了确定的模样。这个确定的模样会代替本来发生的事,这样,我们曾经看到的东西就很难在头脑中留下痕迹。

我和几个朋友看过一个舞台剧表演,叫《勇者之剑》,是一群舞者在舞台上打鼓。看完以后,我们聚在一起聊感受。朋友们大都会说,"这个鼓打得太好了""演员的基本功很扎实""这个鼓打得有禅意,真是太感人了"。而我会跟他们讲第二场和第三场转场的时候,如泣如诉的女声;第一场中,主角上场时戴的青面獠牙的面具;剧中唯一的三句台词是"蛇""那天我看见了我,好多的我""如意是如意，金刚是金刚"。他们都很奇怪，问我为什么会记得这么清楚。其实以前我也会迫不及待地用自己的评价和想法把看到的东西封装起来，但慢慢地，我养成了一个习惯，不刻意评价事物，只是认真去"看"舞台上发生的事。结果，我看见的反而多了。

用描述性语言描述咨询室里发生的事情，也是心理咨询师的基本功。假如一个心理咨询师说"这个妈妈控制欲很强"或者"这个女儿很听话"，他就已经不自觉地把来访者放到了一个很难改变的位置上。所以，咨询师只会说："这个妈妈在咨询室里指着女儿说：'我不允许你这样做。'女儿则低着头一言不发。"在后一种语言里，我们会好奇发生了什么事情，接下来会发生什么，好奇她们心里是怎么想的。而在前一种语言里，如果只是说"这个妈妈控制欲很强"，那就很难有探索的空间了，也很难有什么变化。

第二条原则，问具体的问题，而不是抽象的问题。

作为一个心理咨询师，经常有人拿生活中遇到的困惑，向我询问解决办法。这些问题往往是这样的：老师，我很内向怎么办？老师，我容易紧张怎么办？老师，我有拖延症该怎么办？他们在用很远的语言描述自己的问题。我有时候会提醒他们：问得具体一些，抽象的问题只能得到抽象的答案。可是，下一次提问，他们还是这样子。慢慢地，我明白了，提问的方式正反映了他们的思维方式。他们就是用抽象的、概括化的思维方式思考问题。他们以为自己在寻找答案，而实际上，这种思考方式本身就是他们的问题。

如果在咨询室里，有人问我"我很内向，每次遇到人都有些紧张，怎么办"这样的问题，我就会问他们："你遇到哪些人容易紧张，遇到哪些人不会呢？你在什么场合容易紧张，什么场合不会呢？你在与人相识的哪些阶段容易紧张，哪些阶段不会呢？最近你在跟谁交往呢？感觉怎么样呢？"

我这么问的目的，是希望他们用近的语言描述生活，以及他们在生活中的关系。我想告诉他们，紧张不是因为他们内向——不是这个原因不对，而是这个原因太远了。只有真的看到相处的过程中发生了什么，才能发现我们能够控制的部分，才能找到可能的出路。

第三条原则，关注现在能做的，而不是关注事情的结果。

在用远的语言时，我们总是先判断一个事情的结果，评价一件事有没有用，再决定要不要做。好像我们需要某种承诺，才能够有所行动。可是，很多时候，一件事有没有用，只有做完才会知道。如果我们不能投入做事，事情通常也做不成。大部分人希望先看见，才能相信。而有时候，我们需要先相信、先投入，才能看见想看到的东西。如果我们一定要在头脑中预想出行动的结果，反而会失去行动的能力。

我有一个来访者，为未来的事情焦虑，觉得做什么都没有用。这是一种习得性无助。我让他每次焦虑的时候，问自己两个问题：我现在能做什么？我愿意做吗？

我希望这两个问题把他的注意力引到此时此地，让他关注最近发生的事。

可是他说："我现在就在想，这有什么用呢？"

我说："你已经熟悉了远的语言，稍不注意，这种语言就会挤进来。现在，不如让我们来试试另一种语言。你能回答一下，你现在能做什么，即使在这么没有动力的状态下。"

把来访者从远处拉回现在并不容易。他愣了一会儿，说："我可以去散步、找朋友聊天、品尝美食……"每说完一个项目，我就跟他确认一下，这是不是他能做的，他都点头称是。等他说完，我问他："哪一件是你愿意做的呢？"

他说："我都不愿意。"他想跟我解释原因，我说："没关系，你不愿意，就停在这里。"

相比于一个人的"不愿意"，"为什么不愿意"又是远的思维了。他的解释，只会把他的"不愿意"固化。我希望来访者能把注意力放到近的地方，所以我打断了他。而且我想给他这样的暗示：你能控制自己的行为，也需要对自己的行为负责。

他想了一下接着说："我并不是不想试。可是我担心，我会不会真的去做。"

"那么，为了真的去试，你现在能做的是什么呢？"

他想了想，说："我可以做一个笔记，把那两个问题浓缩成一两句话背下来。当我焦虑的时候，我可以翻出来提醒自己。"

"好的。那你愿意吗？"

"我愿意试试。"

于是，这段咨询被浓缩成了两个问题：我现在能做什么？我愿意做吗？

在接下来的一星期里，他不断用这两个问题提醒自己，不要想太远的事情。这两句话像是两个时间的锚点，当他的思维飘向焦虑的时候，这两句话能够把他拉回到此时此地，并让他有所行动。他的焦虑，也因此减轻了。

其实，心理咨询是很注重讲话的语言的。用什么样的语言，就有什么样的思维方式。马歇尔·卢森堡（Marshall Rosenberg）在《非暴力沟通》中引用了语义学家温德尔·约翰逊（Wendell Johnson）的一段话：

> 我们的语言年代久远，但先天不足，是一种有缺陷的工具。它反映了万物有灵论的思想，让我们谈论稳定性和持久性，谈论相似之处、常态和种类，谈论神奇的转变、迅速的痊愈、简单的问题以及终极的解决办法。然而，我们的世界包含着无穷无尽的过程、变化、差别、层面、功能、关系、问题以及复杂性。静态的语言与动态的世界并不匹配，这是我们面临的挑战之一。

近的思维就是发展一种能够容纳变化的语言。而学习用近的语言说话，就意味着我们开始向"无穷无尽的过程、变化、差别、层面、功能、关系、问题以及复杂性"开放。我们会因此失去一些确定性，也会因此获得很多的可能性。

● 自我发展之问

有什么事情，是你一直想做，却从来没有行动过的？

如果用"我现在能做什么？我愿意做吗？"这两句话来提醒自己，你愿意吗？如果你愿意，那你现在能做什么？

思维弹性：
思维是怎样进化的

倾听的重要性

在本章的前面几节，我介绍了建立成长型思维的工具：创造性思维、控制的两分法和近的思维。它们就像落差产生的张力、河道和源头活水，让河水流动起来。

在本章的最后一节，我想讨论一个重要的问题：思维究竟是怎么进化的？

在我最开始学心理咨询的时候，我的老师告诉我："在心理咨询里，倾听是一件很重要的事情，甚至可能是最重要的事。"虽然我不断点头，心里想的却是，老师只是提醒一个我早就知道的常识罢了。那时候我对倾听的理解，还停留在不能只顾自己喋喋不休，不能别人没说完就抢话，要有耐心之类的理解上。我觉得自己是一个温和的人，我愿意倾听，倾听是我的强项。

　　幸亏我并没有固守自己对倾听的理解。心理咨询是关于对话的艺术。研究对话久了，我才慢慢理解，倾听是一件多么难的事情。最开始，我以为自己听懂了别人在说什么，后来发现，我只是在用自己的想法套别人说的话。当我把自己的想法放下后，我一点儿都听不懂别人在讲什么。直到最近，我才慢慢能听懂别人的一些话。

　　比如，有一天我在餐厅吃饭，听到一对夫妻在说话。

　　妻子说："这几天没睡好。"

　　丈夫回她："这几天天气热，人就是容易早醒。"

　　妻子接着说："我有点担心女儿上托儿所不能适应。"

　　丈夫回她："小孩子嘛，不都这样，过一段时间就好了。"

　　于是，妻子就沉默了。

　　在这段对话里，妻子一直跟丈夫说，她觉得生活的某些方面出了问题，而丈夫一直强调一切正常。丈夫听到妻子的话了吗？并没有，他只是用自己的想象来理解妻子说的话。也许对丈夫来说，妻子的焦虑是一种新的经验（也可能不新了）。他一直在努力把这些新经验纳入自己原有的认知框架里，还没来得及听妻子说什么，就急着给妻子提供一些解释，好像他很需要"一切正常"的感觉。如果这时候妻子告诉丈夫"你没听我说话"，丈夫也许会不理解，甚至反驳说："我不是一直在听吗？"

　　到底是什么让丈夫不愿意倾听呢？是他对妻子的状况不感兴趣？是他担心妻子通过"告诉你我不好"来责怪他？还是他很需

要一切尽在掌握的感觉呢？

倾听的要诀，就是知道很多事其实你并不知道。

一个好的倾听者，心里会有很多问题。他知道这些问题的答案不在自己的心里，而在别人心里，所以才需要提问。而一个不好的倾听者，他的心里会有很多答案。他觉得自己早就知道别人要说的东西，所以听到的永远都是他自己心里想的，没什么意外。

现在，我也会告诉我的学生，倾听是很重要的，甚至可能是心理咨询里最重要的事情，我的学生也会点点头。也许他们心里也会想，老师不过是在提醒一个我早就知道的常识罢了，但是我不会多说什么，说是没有用的。如果他们能用心体会，也许很多年后，他们对这句话也会有更深的理解。

思维发展的过程

讲思维的进化，为什么要提到倾听呢？因为它和思维发展的规律非常像。

佛教禅宗有一种说法，可以用来形容思维的不同境界。第一重境界叫"看山是山，看水是水"；第二重境界叫"看山不是山，看水不是水"；第三重境界叫"看山还是山，看水还是水"。人的思维就是这样一个从简单到复杂，再重新回归简单的过程。在这个过程中，我们对某件事的理解会呈现螺旋式的深入，最后会简单地归纳出某件事情的本质。如果人认识世界和自我的方式，也能以这种螺旋深入的形式发展，就会具有一种有弹性的思维。掌握这种思维的要诀跟倾听很像，就是不要太快确定自己知道的东西是什么，从而为探索其他的可能性留下空间。

到此，我想问一个奇怪的问题：我前面写的东西，都是对的吗？

比如，我写了夸孩子聪明，会让孩子陷入僵固型思维，会让孩子因为担心自己不够聪明而不愿意接受挑战，可事实是这样吗？有段时间我出了几天差，回到家一敲门，女儿便扔下手中的数独游戏，飞奔过来抱我。接下来的一段时间里，在她玩数独游戏的时候，我围着她夸了好多次"宝宝乖，宝宝聪明"。这样的夸奖会让她陷入僵固型思维吗？我并不觉得，而且夸她时，我分明看到她开心的神情。

我想表达的是，就像心理咨询做的只是局部的工作一样，知识也只是局部的真理。因为所有知识都是局部的，要找出它不够完善的部分是很容易的。而要找到它对的地方，却并不容易。我们要先接受知识都是错的，才能找到知识对的地方在哪里。如果套用禅宗三种境界的说法：第一重境界就是把知识当作绝对真理来学习；第二重境界就是知道知识是有错的，所以批判它、排斥它；第三重境界就是重新学习知识，结合知识产生和应用的背景，既知道它有局限，也知道它有用的地方在哪里。

我在青春期的时候，一直为自己是个敏感内向的人而苦恼。那时候，我不知道该怎么跟人交往，见到陌生人总是有些紧张，不知道该说什么。我对"敏感内向"这个标签毫不怀疑，这是见山是山的第一重境界。

学了心理学以后，我会努力寻找一些例外，我发现自己并不是跟所有人打交道都有困难。跟熟悉的朋友在一起时，我很放松，也很享受有人听我说话。所以在那段时间，我会有意识地不用敏感内向来形容自己，这是见山不是山的第二重境界。

可是有一天我开始这样想：自己为什么要这么累？钱锺书先生说过，偏见就是一种思维的休息，我为什么不能让自己休息一下呢？于是我又开始跟人说，我是个比较敏感内向的人。有意思的是，我的读者很接受这个标签，每次开见面会，都会有读者说："老师，我也是敏感内向的人，所以我看到你觉得特别亲近。"有时候我会主动跟人说："我比较敏感内向，万一我不知道该说什么了，还请多关照。"这时候，我不再因为敏感内向的标签而有心理压力，相反，我认同了敏感内向。这是见山又是山的第三重境界。

所以，认识到我们能够了解的永远只是局部的知识，这一点非常重要。正因为知识都是局部的，局部以外的部分才会变得分外迷人。我们才会想，剩下的部分是什么呢？这就为进一步探索留下了空间。而这个探索的空间，就是思维发展的空间，也是自我发展的空间。

为什么探讨思维发展的过程，要提到局部的知识呢？因为，我们关于世界、自己和他人的所有看法，其实也是一种知识。只不过，我们既是这类知识的生产者，也是接受者；既是老师，也是学生。如果你觉得这个世界糟透了，这就是你的知识。如果你觉得自己应该显得聪明一点儿，否则别人就不会喜欢你，这也是你的知识。觉得自己是个敏感内向的人、活泼开朗的人，这些都是你的知识。

问题是，你是把它们当作局部的知识，还是当作绝对的真理？你觉得在这些知识以外，有没有其他的空间？

我在前文写了很多限定我们思考的"应该思维"，有的人可能会想：这本书是不是提供了另一些规则，它会不会塑造另一种应该思维呢？我知道很多所谓的心理学家其实就在做这样的事情——用他的应该去代替别人原有的应该。这样可能会让你的想法改变，可是"应该怎么样"的思维不会变。

还有一些人跟我说："老师，我听你的课，很有感触。我知道自己不应该有应该思维，可总是做不到，所以很焦虑。"他们没有想过，"不应该有应该思维"本身，何尝不是另一种形式的应该思维。

"应该思维"的问题没法通过"不要有应该思维"这样的想法来解决，而需要用局部思维。你要试着理解任何一种看法都是局部的，包括这本书。如果你能理解这本书提供的只是局部的知识，这些知识之外还有很多未知的空间，就不会被这些知识限制住。

不要让"不应该"变成另一种"应该"，而要比照着现实思考：我现在面对的情况是怎么样的？除了现在的这种判断，还有其他可能性吗？

这是本书想给你的，最重要的思考。

同化与顺应

心理学大师米纽庆说过，确定是改变的大敌人。有弹性的思维，总会有不确定的部分，这也为改变留下了空间。

心理学家让·皮亚杰（Jean Piaget）提出，思维对环境有两种基本的适应方式。一种适应方式叫同化，就是用我们头脑中已有的东西，去理解新发生的事情。把新发生的事情加以裁剪，使之符合我们头脑中原有的认知模式。当你同化一件事的时候，你会发现所有事情自己都已经知道了，它们只是在重复你头脑中已经发生过的事情。

我曾经在学校教了一学期的积极心理学课，结课后我问同学们从这学期的课里收获了什么。其中一个同学说："老师，你讲的东西其实我早就知道了。你就是教我们要积极乐观嘛！"

我讲了整整一学期的课，而他只听到我说要积极乐观。这不是我讲的东西，是他头脑里已经有的东西。他把一学期课程的信息都塞到了"要积极乐观"这个框里，然后说他早就知道了。

这么说来，知道自己不知道，真是一件了不起的事。

图2-1

　　就像上面这张图，你看到了什么？也许你看到了一个三角形。我也看到了。可是，这个三角形其实是不存在的。你看到这个三角形，只反映了你头脑中固有的认知加工倾向。

　　就像这个不存在的三角形，一个人看到一个新事物的时候，思维会倾向于很快给出一个答案，让它完结和闭合，而不愿意让它保持开放。这样，世界就会变得已知和可控。这是一个下意识的过程，我们甚至很难觉察到。这就是同化。

　　我自己也会犯这个错误。大学的时候，我读过一些哲学书。哲学关心的都是大问题，所以我后来学心理咨询流派的时候，经常会不自觉地想：这就是斯多葛派的思想嘛！这就是犬儒主义嘛！我觉得大部分咨询流派都没什么特别，不过是某些哲学思想的改头换面。

　　有一次，我跟一个一起参加家庭治疗培训的朋友聊天，他兴奋地说起家庭治疗的种种精妙之处。我听完后却淡淡地说:"它的背后就是一些建构主义的哲学思想,这思想我了解的。"

我正有些小得意,那位朋友却跟我说:"我是在学习一些新的东西,可是我觉得你没有。你只是在找一些材料,来强化你原有的东西。"

这真是当头棒喝。可是仔细想想,我不得不承认他说得对。之后每次学习新东西,我都会努力把原有的东西放下。就算要联系已有的知识,我也会努力看到其中的差异。这就是另一种适应方式,叫顺应。

如果同化是改变事物来符合我们头脑的认知结构,那顺应就是改变自己的认知模式,来适应新事物。局部的知识、流淌的知识、不确定的知识,会不断让新的东西进来,这会不断改变我们的认知。

顺应很痛苦,因为相比于固守某些绝对真理,我们的思维要经历太多的变化和不确定性。可是,有弹性的思维会不断迎接这种不确定性,让它来改变我们自己。这样,思维才会发展得快,我们才会不断发现原来没有发现的东西。无论是知识演进、技能学习,还是人与人之间的倾听和对话,都是如此。

所以,你一直有两种选择。一种是固守原有的东西,不断重复自己,这样是安全的,可是很无聊。另一种是承认自己所知的是局部知识,对自己的无知保持敏感,给自己很多问题,而不是很多答案。这些问题会逼着你去探索、去体验、去发现新的东西。

这样会经历很多痛苦，因为你会发现原有的东西总是不对的。可你会一直进化，会变得有趣、深刻而复杂。

那最大的新发现是什么呢？是别人的想法。因为每个人都有不同的经历、知识、情感，所以每个人的想法都会千奇百怪。当我们这么想的时候，心智的发展就和关系的发展联系在一起。从认知的角度看，对新东西的开放和封闭分别代表顺应和同化的认知倾向。从关系的角度看，这可能代表我们对其他人的态度，究竟是爱、关心和认同，还是冷漠、戒备和拒绝。在下一章里，我们会开始关系的旅程。

● 自我发展之问

如果用三个词来形容自己，你觉得自己是一个什么样的人？如果你对自己的看法是一种"局部知识"，你觉得还有哪些未探索的可能性？

关于"局部知识"的说法本身是一种局部知识吗？如果它也是局部知识，你觉得它没有讲全的东西是什么？

第三章 CHAPTER THREE

发展关系中的自我

了不起的我

17世纪的英国诗人约翰·多恩（John Donne）曾经写过：
"没有人是一座孤岛，可以自全。每个人都是大陆的一片，整体的一部分。"

　　人总是生活在关系中。关系塑造着自我，影响着自我的所思、所想、所感、所行。

　　既然自我是关系的产物，那么自我发展的核心问题，就从如何塑造新经验变成如何塑造有利于自我发展的新关系。

关系中的自我:
从个体视角到关系视角

自我存在于关系中

思维进化的关键,是你需要知道,所有知识都是局部的知识。只有这样,你才能为探索更多可能性留下空间。这种可能性不是简单罗列更多不同的东西,而是对同样的东西有更多更深的理解。

这个规律同样适用于对自我发展的理解。在第一章里,我们把自我的发展理解成推动行为的改变。在第二章,我们探讨了行为背后的心智模型。在本章,我会试图从一个更广的视角——关系的视角来探讨自我发展之道。

写这段话的时候,我正在书房里,一个人对着电脑,周围很安静。看起来,写书这件事,是我一个人在做的,可是我会想象有你在另一边看书。可以说,我写书是在你看书之前;但也可以说,从你看到这本书开始,我才真正开始了"写书"。因为,如果没有读者，就没有作者；如果没有你的看，那我的写，就毫无意义。这就是关系。

没有人是完全独立的个体。关系里的人总是一起出现，相互定义，相互成就。比如，我们通常认为是父母生了孩子，但是从关系的角度看待这件事，我们可以认为是孩子生出了父母。因为如果没有孩子，人们怎么能自称父母呢？

这并不是文字游戏，而是关系到我们怎么理解"人"这种独特的存在。我们是把人看作一个个独立的、偶尔产生联系的自我，还是把人看作完完全全的关系中的存在？

当我们从个体的角度来思考自我时，我们会假设存在一个稳定的、独立于他人的自我，这个自我决定我们的想法和行为，构成我们的个性。如果我们作出自己不想要的行为，那一定是这个"自我"有问题，比如意志不坚定、情绪不稳定，甚至心理有问题。这时候，自我所在的关系只是一种背景。

但是，如果我们用关系的视角来思考，就会发现，关系对自我的影响远比"背景"要复杂和有力量得多。我们的行为和思维，很多时候就是在关系中被塑造的，就是适应关系的产物。并没有一个单独的自我，每一个关系里都有一个不同的自我。不是个性，而是我们所处的关系，决定我们的想法和行为。如果我们表现出自己不想要的行为，那不是我们个人的问题，而是我们所处的关系出现了问题。

这时候，关系就是自我。

关系中自我的四个层次

我们为什么要从关系的视角来看待自我、发展自我呢？关于这个问题，我想用四个递进的层次来解释。

第一个层次，人无时无刻不在关系当中。

家庭里有家庭关系，工作上有工作关系。就算你在地铁上，旁边都是陌生人，那也是一种关系。有的人会想，我一个人独处的时候，总不在关系里了吧！当然不是。独处的时候，独处的空间是由关系来界定的。比如，你一个人在家，家里有一扇门。你知道，就算有陌生人走过，他也不会随意从这扇门闯进来。这是你们在关系中达成的共识。你一个人在家，可以光着膀子，穿着短裤，想干什么干什么，看起来很自由。可是，你知道自己不能穿成这样走出这扇门，走到大街上去，这也是一种关系的共识。是关系界定了一个人独处的空间在哪里。

再往深一层想，虽然你在独处，但你仍然在关系里。因为你独处并不意味着地球上或者宇宙中只有你一个人，你仍然会想家人在哪里，约谁去吃饭，明天要交给老板的报告怎么完成，老板又会怎么评价你……你想的这些都是关系。所以，关系是无时无刻不在的。

第二个层次，在不同的关系中，自我是不同的。

有的人跟陌生人说话时，可能会脸红、害羞，可是在很熟悉的朋友面前，他会玩得很嗨。有的人在办公室会努力工作，可是到了家里，就会往沙发上一躺，想着反正家务活有人干。内向的自我、外向的自我，勤快的自我、懒惰的自我，这些都是自我，只是处于不同关系中的自我。有些人觉得自己很自卑，可是假设在某段关系中，有人真诚地相信他们、赞赏他们，他们也会很自信。

美国有位很传奇的教师，叫马尔瓦·科林斯（Marva Collins）。她在犯罪和毒品横行的芝加哥贫民区附近，创立了名为"西侧预备学校"的教育机构。去这个学校就读的，都是从公立学校里退学的、被认为有问题的学生。可是，在她的教育下，原来的街头混混、被认为有学习障碍的学生好像都变得聪明了。他们很早就能够阅读文献和哲学类经典著作，很多都考进了大学，成了律师、医生、法官、教师等受人尊敬的社会栋梁。

她是怎么做到的呢？

和其他学校里的批评教育不同，她很真诚地相信那些孩子是聪明的、独一无二的，并不断激励他们说："我相信你，你可以做得更好。"这种教育的本质，其实就是塑造了一种新关系。关系变了，学生的表现自然就变了。

第三个层次，决定我们行为的是我们所处的关系，不是我们的个性。

假设一个妈妈正大声责备儿子："你怎么又没做家庭作业？你这孩子怎么这么不听话！"你可能觉得，这是一个暴躁易怒的妈妈，暴躁易怒好像是她个性的一部分。忽然电话铃响了，这位妈妈接起电话，立刻满脸笑容："是老师啊！您说要来家访？好啊，欢迎欢迎。哪里……孩子在学校里让您费心了……"你又会觉得，这是一个热情有礼的妈妈。

妈妈的表现为什么会不一样？不是她的个性变了，而是她所处的关系不同。

有的人可能怀疑，妈妈对老师的反应是不是伪装的？对儿子的反应会不会更接近真实的她？我们不是在亲近的人面前，才更容易表现出真实的自己吗？

可从关系的视角来看，这刚好表明，在"亲近"和"疏远"这两种不同关系中，妈妈的行为和情绪反应是不同的。妈妈的两种表现都是真实的，都是她的自我，并不存在什么"真实自我"和"虚假自我"的差异。

也许你会想，这只是一时的反应，如果我们能看到她长久的表现，是能够了解她的个性的。可是，所谓长久的表现是什么呢？很多时候，那不过是在另一段长期关系中的表现而已。

从关系的视角出发，所谓的人格或者个性，不过就是人在某一段特定关系中的行为、语言和情绪表达方式。是所处的关系，而不是个性，决定了人的行为。

第四个层次，从关系的视角出发，我们思考问题的维度会发生重大转化。一些看起来似乎无解的问题，用关系的视角考虑，就有了合理的答案。

前段时间，我有个编辑朋友觉得自己有拖延症，问我怎么办？

拖延症这个标签，就是典型的个体视角下的产物，它被看作是个人的"病"。我问他为什么这么想，他说他在编一组稿子，觉得这组稿子很难，经常不想碰。我就问他："难在哪里呢？如果做得不好，谁会评价你呢？"他想了想说："是这个稿子的作者。"

原来，这个稿子的作者是一位很有名的学者，他很担心作者会反驳他的修改意见。可是，他为什么会担心这位作者反驳呢？原来，这位作者并不是那么容易说话的人，他一提意见，作者就会很生气。所以，从关系的视角看，拖延症就不是他一个人的问题，而是他和作者关系的产物。

不知道你有没有这样的经验：如果是一个你很认同的老板交代的工作，你的工作效率会很高；如果是一个你不认同的老板交代的工作，你就会非常拖拉，不想去做。这也说明，不是你自己，而是关系，在决定你会不会拖延。

关系的视角拓展改变的空间

那么，从关系的视角看自我到底有什么好处呢？

如果你从个体的角度看自我，觉得自己有一个稳定的个性，就意味着自我很难改变。有时候，妨碍改变的，正是我们头脑里那个顽固的"自我概念"。

可是，如果从关系的视角来理解，你在不同关系中的自我是不一样的，那你就可以去不同的关系中发现不一样的自己。你不再需要给自己贴类似"敏感内向""自卑""自信"这样的个性标签，而是会去审视，究竟是什么样的关系导致了现在的行为。你还可以寻求一种能让自己表现更好的关系。同样，你也不会轻易指责别人为什么有那么古怪的个性，而会去理解什么样的关系让他表现出这样的行为。这既增加了自我发展的潜力，也拓展了改变的空间。

头脑里根深蒂固的自我，其实就是一种抽象思维的产物。我们有很多关系，每一种关系里都有一个自我。把这些自我的共性抽象出来，就变成头脑中那个固有的自我。这种思考方式会增强控制感，可是会让自我变得固定，很难改变。而从关系看自我是一种正念思维，也就是近的思维，是把每个自我放到具体的关系和情境中，从每一段关系去看自我的表现，这自然会增加改变的空间。

● 自我发展之问

选择一个你想实现的改变，比如，想在工作中变得更有效率，在生活中更好地控制自己的脾气，或者在朋友面前表现得更自信。然后思考：

在什么样的关系中，你会表现出拖沓、易怒、不自信？在什么样的关系中，你又会表现出高效、耐心、自信？关系是如何影响你的行为的？

关系中的角色：
解锁更多自我可能

角色影响我们的行为

从关系的角度来看自我时，涉及一个非常重要的概念：角色。

"角色"一词最初来自戏剧，指的是演员扮演的某种具有典型性格的剧中人物。但是，我在这里提到的角色，不是正派、反派这样的道德角色，也不是警察、囚徒或者经理、主管这样的社会角色，而是一种行为期待。

角色的本质，是人和人在关系中产生的一种行为期待，是关系里的人共同达成的隐性契约。这种契约是很隐秘的，如果不留心，经常看不到。

在一段关系里，我们随时随地都在面临一些行为的期待，因此我们随时随地都在扮演某个角色。这个角色决定我们会怎么想，怎么感受，说什么话，怎么行动。人生如戏，只不过有时候我们扮演一个角色的时间太长，入戏太深，就把这个角色当作唯一的自我。

有一个刚毕业的学弟向我请教，他该不该加入一家公司。那家公司在国内发展得不错，但是是做身心灵运动的。无论是宣传策略，还是课程内容，都有些神神道道。我想了想告诉他，如果从挣钱的角度考虑，也许可以去，但从专业发展的角度考虑，还是不要了。那家公司挣钱的方式，是通过兜售虚构的别处的世界来让我们逃离生活中真实的困难。

巧的是，过了一段时间，有个记者问我："现在社会上有很多类似身心灵的培训班，用很夸张的宣传来敛财，有很多人受骗上当，你怎么看呢？"我想了想说："我不知道。"

同样都是关于身心灵的问题，为什么我的说法会不一样？因为在这两段关系中，我的角色和位置是不同的。在第一段关系中，是学弟问我职业规划，他期待我作为心理咨询方面的资深从业人员，给他一些个人发展的建议。我接受了这样的期待，自然就会强调心理咨询的专业性。对于他，我很难说出"我不知道"的回答，这不符合他对我的期待。最后我说出来的，可能就是他想要的答案。

而当那个记者问我的时候，她对我也是有一个角色期待的，她期待我扮演一个正统的科学心理学的代言人角色。如果我接受了这个角色，那我要说的自然是身心灵运动如何不靠谱。事实上，这些话我几乎就要脱口而出了。可是我想了想，我要扮演这样一个角色吗？好像并不想。相比于做一个严苛的卫道士，我倒更愿意扮演一个开放、包容的角色。

神奇的是，当我知道自己不想扮演这个角色时，忽然就没有表达的欲望了。我马上想到，我真的了解身心灵运动吗？也许并没有。我对身心灵的印象，也是道听途说的。

"要求"和"期待"的矛盾

当别人跟我们说一件事时，他对我们是有角色期待的。这种角色期待提供了行为线索，让我们不自觉地顺应，作出符合别人期待的行为。

我有一个来访者，她找我是觉得自己太没主见了，希望能够更多地发表自己的看法。她到公司已经一年了，开讨论会时，经常不知道自己要说什么。有时候好不容易鼓起勇气想发言，结果领导宣布散会了。

本来她没太把这件事放在心上，可是前段时间，她在公司里遇到一个大姐。大姐非常热心，说了一大通职场规则、人生道理以后，对她说："我觉得你什么都好，人也很聪明，就是太不愿意表现自己。人前还是要学学说话的。"

她听了自然说："是是是，感谢大姐点拨。"

过了几天，这个大姐又来了，又是一顿指点江山，走之前又说："你什么都好，就是太不愿意表现自己了。"

她又说："对对对。"

慢慢地，她也觉得不太会表现是一个问题，就来找我咨询。

我说："我觉得你挺成功的啊！"

她奇怪地看我，问我她哪里成功了。

我说："你成功地扮演了一个需要指导的职场新人的角色。如果你改变了，那大姐对着谁指点江山呢？"

她想了想说："对，那个大姐虽然这么说，可还是很喜欢我，每次都来跟我说话。我旁边有一个同事，人很能干，很会表现自己，大姐却非常不喜欢她，从来不跟她说话。"

这是一个很有趣的现象。在语言上，大姐希望她能够变得更成熟，更加善于表现自己；但是在关系中，在角色的期待上，大姐却把她固定在一个"不会表现，需要指导"的新人角色上。显然，她接受了大姐对她的这个角色期待，甚至还享受大姐对她的照顾。正是这个角色不知不觉地规定她的言行思想，让她很难作出改变。

这种语言要求和角色期待上的矛盾，在日常生活中经常会发生。我经常碰到一些很焦虑的妈妈，一边说："老师，我的孩子就是太没有自主性了，我就希望他能主动做事。"另一边，却帮孩子把所有事情都做好了。她们没有意识到，在角色的期待里，她们已经把孩子放到一个"没有主动性"的位置上。当然，孩子也把自己放到一个"什么事都有我妈"的位置上。因此，无论她们在语言上怎么要求，孩子都不会发展出自主性。这并不是孩子有问题，而是他们所在的角色和位置限定的。

调整角色的三个方法

那么，我们怎么才能调整自己的角色呢？

首先，在回应对方之前要先想想，对方把我们放到了一个什么样的位置和角色上？我们是否接受这个位置和角色？

有时候我会遇到这样的来访者，他会对我说："老师，遇到你真是太好了，我总算有救了！"他那热切期盼的眼神，对我而言是很受用的。但这时候我要想一想，我能做他的拯救者吗？如果我承担了这个角色，那他会不会觉得改变是我的责任，自己反而变得更无能了呢？所以，我会简单地回应："我可当不了拯救者，但我很愿意跟你一起来看看，我是不是能帮你一些。"当我这么说的时候，我就把解决问题的责任交给了他，这也是一种角色期待。

其次，如果我们和别人相处时感到一些不舒服，就要思考，是不是我们自己的位置或者角色有问题。

通常这种位置、角色的错位，是我们没有待在自己的位置上，而是试图替别人负责。

小艾已经毕业好几年了，一直在北京工作。她有一个好朋友叫小月，研究生刚毕业，对自己的未来感到迷茫，就问小艾："你觉得我应该留在北京，还是回家乡找工作？"

小艾想都没想就直接回答："当然应该留在北京，这里机会多，同学间还可以相互照顾。你可以先住我这里，正好有一个房间空着，慢慢再找房子。"

小月很高兴，就留下开始找工作。可是找工作的过程并不顺利，两个月过去了，她接到的面试通知寥寥无几。两个人之间的关系便开始发生微妙的变化，摩擦越来越多。

小月有时候会说："看来真不该在北京找工作。早知这样，不如当初回家。当时农业局在招人，现在都已经招完了。"

小艾听了很不舒服，觉得小月是在抱怨她。但小艾没法直接反驳，只能生气地说："你要再努力些。生活是很残酷的，你这么懒怎么行，要多去跟毕业的师兄师姐打听。"

小艾的说法，其实是把自己的角色搞错了——把自己从"指导者"变成了"批评者"。指导者只会在别人需要的时候给建议，而批评者常常会把别人的事当作自己的事。小艾批评小月时，说的不是"这不是我的责任"，而是"是你自己没做好，不然我就是对的"——这就是批评者会说的话。她们两人都没有看到这背后的角色错位，因此两个人的矛盾越来越深。

最后，如果我们对一个人有期待，不要在语言上要求他，而要像我们期待他的样子那样对他。当然，前提是我们要真诚地相信这个人有值得期待的一面。

期待的力量是很大的。我在上文提到的科林斯，就通过相信孩子，把一些街头混混变成了好学生。我跟女儿看过一个动画片，叫《大坏狐狸的故事》，讲的是狐狸从鸡舍里偷了三个鸡蛋，本意是要等小鸡孵出来以后吃了它们，结果三只小鸡一出生，就跑到狐狸面前喊妈妈。"妈妈"这种巨大的角色期待让狐狸根本没法吃它们,后来,狐狸就真的承担起保护它们的角色,变成它们的妈妈。这就是角色期待的神奇力量。

我们经常说,人有很多面,要发现未知的自己。这句话从关系的角度来看,很容易理解。因为如果我们能在关系中扮演很多角色,我们的自我就有很多可能性。"很多面"(即个性)就是我们在关系中习惯扮演的各种角色。角色既是限制,也是改变的方法。如果我们总是把自己固定在某个角色中,把这个角色规定的言行举止当作自己的个性,久而久之,我们就忘了自己还有的其他可能性,而我们的自我也很难有进一步的改变和发展。反之,如果我们能尝试很多不同的角色,发现自己的更多面,自我就能得到更好的发展。

● 自我发展之问

请回想你很在乎的一段关系,比如和爱人、父母的关系,或者和某个重要朋友的关系。然后思考:

在这段关系中,你和对方都对彼此有什么样的角色期待?

如果你希望自己或者对方改变,你们的角色应该有什么样的变化?

关系的语言:

人际关系的密码

人际关系的密码

前文我写过，角色的本质是人与人之间的行为期待。决定我们言行举止的，不是个性，而是我们在关系中的角色。从这个角度来看，所有关系的沟通都是一个隐性的角色分配过程。可是，既然这个分配过程是隐性的，我们怎么知道别人对我们的角色期待是什么呢？怎么从别人的言行中看到他们所扮演的角色呢？如果别人的角色期待和我们自己的角色期待发生了冲突，我们该怎么解决呢？

最直接的答案，也许就是"听"和"说"。语言是人与人之间沟通的工具，理想的状况下，我们可以通过听和说理解角色期待。可实际上，人们在沟通里很少直接说关系，一般只会说遇到的各种事情。如果你不会听，那就只能听到人们在讨论一些表面的事情。如果会听，你就会知道，人们说的每句话都是在说关系。这就是关系的语言。

曾经有位来访者跟我诉苦，他有个朋友老周，因为买房需要一笔钱周转，要和他借20万，10天后归还。他们家跟老周家交往多年，他知道老周很可靠，就借给他了。10天以后，老周也如约把钱还给了他。

收到钱后，他就跟妻子说："老周买房，跟我借了20万周转一下，现在已经还给我了。"没想到，妻子听了以后很生气，责怪他把钱借给别人。

丈夫说："你气什么，老周你是知道的，而且人家已经还我们了呀！"

妻子问："那你为什么不告诉我？"

丈夫说："我这不是告诉你了吗？"

妻子就不说话了，在旁边生闷气。

丈夫也很郁闷，就来跟我吐槽，说早知这样就不告诉妻子了，觉得妻子太小气。

表面上，妻子在气他不该把钱借给别人，可实际上，妻子气的是他把钱借给朋友之前没跟她商量。借钱之前跟不跟妻子商量，这在关系上的含义是不一样的：一个意思是家里的重要决定需要经过妻子同意，另一个意思是不需要。也就是说，妻子是在生他们关系的气。

可是丈夫为什么不在借钱之前跟妻子商量呢？也许那时他

心里闪过一个微妙的念头：万一妻子不同意，我该怎么跟朋友交代？

那他为什么要在事后告诉妻子呢？不说不就没事了嘛！也许他又闪过另一个微妙的念头：这样瞒着妻子是不是不太好？

当诚实收获的是妻子的怒气时，他心里又满是委屈。

这些微妙的心态都发生在关系层面，只不过很难用语言的沟通来表达。

人和人之间的互动，都可以从两个层面来理解。表面上，我们在讨论很多内容，比如丈夫和妻子在讨论要不要借钱，其实重要的是，内容背后暗流涌动的关系。如果我们只顾着对表面的内容信息作出回应，看不到背后真正牵动我们情绪的关系信息，就会造成很多误解。可以说，关系的语言，就是说话者通过讨论的内容，来理解他们之间的关系。如果你能理解关系的语言，那你就掌握了理解人际关系的密码。

有一次我经过少年宫，听到一对夫妻在争论，儿子耷拉着脑袋站在妈妈旁边。

妈妈说："别的孩子都报奥数，我们家孩子当然也要报！"

爸爸说："孩子这么小，现在就学奥数，让孩子这么累干吗？"

妈妈说："他明明有天赋，认字都比别的孩子早，当然应该报。"

爸爸说："小孩子，学习抓这么紧，别到时候学废了！"

这段对话表达的关系语言是什么？从内容上来看，这对父母是在讨论孩子要不要报奥数，两个人的教育理念有分歧。可是从关系上来看，他们其实都在跟对方说："我比你更懂孩子，所以在这件事上，我比你更有发言权。"

这就是关系的语言。一旦关系的问题没有解决，我相信不只是奥数，他们对于孩子的很多问题都会有类似的争论。

如果是在咨询室里遇到这样的夫妻，我会跳过他们吵架的内容，直接问："为什么你会觉得自己比你的妻子（丈夫）更懂孩子呢？"

通常，我这样问的时候，父母们会愣一下。然后，他们也许会开始思考他们的关系。

妈妈也许会说："我老公成天加班，很少参与孩子的生活，他怎么会知道孩子的需要？"

而爸爸也许会说："我老婆跟孩子黏得太紧了，有时候我想插话都插不上，我真担心她把孩子教坏了。"

内容背后，关于关系的话题就开始慢慢浮现了。

现在，心理学已经成为社会的显学，很多人都希望学点心理学知识"傍身"，来解决一些关系的矛盾。可是，也有一些夫妻学了心理学以后，关系反而变糟了。

在一次沙龙上，有位女士问我："我想学心理咨询，用心理咨询的知识来经营我自己的家庭，让自己的家庭更幸福，你觉得怎么样？"

我告诉她："你要非常小心。就像人应该有边界一样，知识其实也是有边界的。也许你的本意是想更好地沟通，可是当你学了心理学知识以后，你会很容易觉得自己拥有一个特权——你比家人更懂你们应该如何相处。同时，你还多了一个位置——你从家庭生活的参与者变成了研究者和旁观者。可是，你的家人并不一定愿意承认这个特权，这本身就会影响你们的关系。有时候，他们说不喜欢心理学，其实真正想说的是他们不喜欢这种关系的变化。"

当我回答完这个问题，她旁边有个男人在使劲儿鼓掌，我猜就是她先生。

关系的语言是对人不对事

我们经常说，要对事不对人。可是**关系的语言正好相反，是对人不对事**。我们可以这样理解：如果关系好了，什么事都可以谈；如果关系不好，谈什么事，其实都是在谈关系。谈论的内容是表，谈论双方的关系是里。

一些公司努力培养"对事不对人"的氛围，但这并不能说明关系不重要，反而恰恰说明关系很重要。要让员工畅所欲言，就要形成这样的关系：领导和员工之间是平等的、相互配合的。如果没有这种关系的共识，领导无论说多少次"我希望你们表达真实的想法，希望你们多提意见"，员工都只会配合他演一个开明领导的角色。

而且，关系的沟通比内容的沟通更加广泛、普遍。有一个经典的沟通桥段，是一对情侣吵架。

男朋友对女朋友说："好了好了，我错了。"

女朋友不依不饶地说："那你说说，你错在哪里？"

有时候我们会吐槽这个女朋友，觉得她咄咄逼人。可是从关系的语言来看，男朋友说"我错了"的时候，其实是在说"我不想跟你说了"。而女朋友说"说说你错在哪里"，其实是在说"我不想你这么敷衍我"。这样看来，女朋友并没什么错。

既然多说多错，那选择沉默行不行？不行。从内容的沟通上看，沉默是没有内容的。可是从关系的沟通上看，沉默可以表达很多内容。有的人的沉默是在表达："我觉得你不可理喻，所以不想跟你说话了。"

那选择岔开话题行不行？还是不行。因为在关系的沟通上，岔开话题其实还是在说："我不想听你说了，你说的话不重要。"

如何解决角色期待上的矛盾

从关系的语言来看角色的期待，我们就能了解，无论人们表面上在争论什么，哪怕是一个很大的主题，他们都希望能在角色期待上达成共识。那么，怎么解决角色期待上的矛盾呢？我认为有三点。

第一，只有直面关系、讨论关系，才有解决关系问题的机会。关系的矛盾是很激烈的，里面有我们最深层的爱和怕。所以，人会本能地回避直接讨论关系，而要通过沟通各种表面上的内容来做隐晦的表达。可是，关系是躲不开的，关系的沟通随时随地都在发生。只要两个人有接触，那他们之间就一定有关系。只要有关系，就一定存在关系的沟通。只要熟悉关系的语言，我们就能从两个人的只言片语中读出谁在支持谁、谁在反对谁、谁在贬低谁、谁在生谁的气……就算不讨论关系，就算沉默，就算转移话题，内容的讨论也会变成关系的一面镜子。矛盾不仅没有被回避，反而会进一步被激化，误解会加深，我们甚至会失去解决冲突和矛盾的机会。

第二，在了解了关系的语言后，我们要学着从关系的角度理解别人在说什么，并从关系的角度来回应别人说的话。当妻子说"你怎么老把我们家的钱借给别人"的时候，如果丈夫知道她顾虑的是关系，也许就可以说："老婆，不是这样的，我很想告诉你，但是有些担心你不同意，我会没面子。"这就是对关系的回应。

第三，在讨论事情之前，要先思考怎样才能在角色上达成共识。如果我们感受到一段关系出现了紧张的气息，那么可以组织关系中的人一起展开讨论，努力去就每个人的角色达成共识。即使最后没有形成共识，这样的讨论也是有益的，因为我们会知道矛盾出在哪里，而不必再为胡乱的猜疑痛苦。

● 自我发展之问

你和爱人或朋友有尚未解决的问题吗？试着跟他/她讨论这个问题。如果可以的话，录下一段你们的对话，试着从关系的语言来分析这段对话中，你们向彼此传递的关系的信息是什么？

关系的互补:
系统如何塑造你我

角色是在系统中逐渐生成的

我的老师曾经讲过她的老师——心理咨询大师米纽庆的故事。

有一天,米纽庆带太太去和同事们聚会。他看到太太在一群同事里谈笑风生,妙语连珠,讲了很多有趣的笑话,这些笑话他自己都没听过。他很吃惊,以前从没看到太太居然还有这样的才能。之后,米纽庆反省自己为什么从没看过太太的这一面,发现原因其实很简单:太太从没在家里表现出这一面。实际上,她没有机会表现。那么多年,太太辅佐他的事业,相夫教子,实际上是埋没了自己的一些才能,为婚姻作出了牺牲。

每个人都需要在婚姻中扮演不同的角色,才能让家庭顺利运转下去,这就是一种互补。

和婚姻一样,我们每个人总是属于某个系统的一部分。这个系统可以是公司、家庭，也可以是社会。系统为了运作，会逐渐给系统里的人分配不同的角色，系统里的人也会慢慢习惯这个被分配的角色，角色就变得固定了。有时候，哪怕系统里的人觉得不愉快了，想要改变，也不容易，因为他要面临来自系统的种种阻力。

举个例子。在某个家庭里，妻子非常劳累。因为家里就算乱七八糟的，丈夫和儿子也都眼里没活，不会去收拾。妻子下班回到家已经很晚，却不得不收拾。也许妻子心里有很多怨气，但如果你去问妻子为什么要收拾，她可能会说："那能怎么办呢，难道家里就这样乱着吗？总得有人收拾。"

妻子觉得是儿子和丈夫不收拾，所以她不得不做。可是，正是由于她会收拾，儿子和丈夫就可以忍着不用收拾。这就是妻子在家庭这个系统里扮演的角色，是家里三个人共谋的结果。

这个故事还有另一面。妻子总是干活，心里有怨气，因此生出了很多的抱怨和控制欲。这种抱怨可能会让儿子变得反叛，老公和她疏离。这时候，他们更想不到自己能为妻子/母亲做点什么。而儿子与老公的反叛和疏离会让妻子抱怨得更厉害。她会觉得自己为家付出这么多，不仅没有回报，老公和孩子还不体谅自己。

从个体的角度出发，你可能觉得这是一个爱抱怨的妻子和母亲。可是从系统的角度出发，你能看到，无论是妻子的劳累，还是她的抱怨和控制，都是系统运转的结果。家庭这个系统让她承担了这样的角色，这个角色又限制了她的行为。虽然身处关系中的人很痛苦，很想改变，但因为系统运转的需要，他们很难改变。这就是系统中关系的互补性。

我的老师在上课时，用东方的阴阳哲学来帮助我们理解关系的互补性。她说，在关系中，人与人之间的行为和角色就像一个拼图，是他们把彼此塑造成现在的样子，共同完成系统这个大拼图。这种互补性很像东方哲学中的阴阳，它们看起来彼此对立，但又是矛盾统一的。就像老子说的："天下皆知美之为美，斯恶已；皆知善之为善，斯不善已。"翻译成白话就是：如果你说什么是美的，那你同时确立了什么是丑的；如果你说这个世界上有什么是好的，你就同时确立了什么是不好的。系统里所谓的角色好坏，都是相互造就的。

三种不健康的互补关系

在生活中，我观察到有三种典型的不健康的互补关系。

第一种，在家里或者团队里，一些人会变得特别能干，而另一些人会变得特别不能干。

有一种爱，叫"我要照顾得你生活不能自理"。这是一句玩笑话，可在关系中是真实存在的。我遇到过一位焦虑的母亲，她让我想办法帮帮她的儿子。原来，儿子大学刚毕业，她就托关系给他找了一份工作。可是儿子嫌工作地点太远，上了几天班就不去了，每天窝在家里打游戏。她担心这样下去儿子就要废了，到处替儿子找工作。这是他们家长久以来一直采取的模式：母亲总是操心儿子的事，久而久之，儿子就不操心自己的事了。

可是，两个人都不喜欢这样的角色。母亲觉得自己太累，嫌儿子没出息。而儿子一方面享受着母亲的操心，另一方面嫌母亲管得太多。

在这样的关系里，儿子和母亲有一个潜在的共识：儿子就是没什么能力的，所以才需要母亲这么操心。

我把这个道理告诉了母亲，可是她说："那我能怎么办，总不能不管吧？"

我就告诉她："当然要管了。你去跟儿子说，如果他有什么需要帮忙的，你会力所能及地帮他。如果他不说，那你就假设他不需要帮忙。这对你来说并不容易，但你要克制自己帮儿子做事的冲动，克制自己对儿子的担心。只有这样，你才能把主动权还给儿子。"那位母亲听了我的话，真的这样去跟儿子说了。过了段时间，儿子就自己出去找工作了。

第二种，系统通过把某个人变成一个有问题的人，来维持系统的平衡。

我有一个朋友，原来在一家事业单位工作。这个单位不大，只有五六个人。领导是个焦虑的中年女性，控制欲很强，骂起人来毫不留情，而员工都对她唯唯诺诺的。我的朋友是一个很有能力的人，觉得自己把事做好就行了，没有太在意。结果，单位的人好像都在针对他，他做什么事都会被挑剔指责，这让他产生了很多自我怀疑。后来，他就离开了。他离开以后，单位又招了一个人，新来的人还是做什么都不对。过了一段时间，这位员工也离职了。

为什么会这样呢？原来，领导的焦虑深深地影响着其他员工，可他们不敢反抗。每当有一个新员工进来，他们都会把这种焦虑投射到新员工身上，这个新员工就成了系统焦虑的替罪羊。

可是，新员工离职以后，系统就能很好地运作了吗？也不行。要么这个系统里原来的某个员工会让大家看不惯，成为焦虑的发泄口；要么这种强烈的焦虑最终指向领导，形成员工和领导的对抗。这时候，系统就会重新分配角色，来达到新的平衡。

我经常遇到一些孩子，好端端地，忽然就不想去上学了，或者沉迷于网络游戏，家长都很着急。表面上看，这是孩子自己的问题，是他们抗压能力差，或者不听话。可实际上，经常是父母之间关系不好，孩子忽然出现反常的问题，父母一着急，就不争吵了，开始为孩子奔波。如果他们的关系需要靠孩子出问题来维持，那孩子就很难好起来。

我有一个来访者，是高三的学生，在准备高考的阶段忽然抑郁了。父母很着急，四处为她奔波，后来找到了我。

有一天，她对我说："如果不是我生病了，我就看不到已经分居的爸妈一起为我奔波。为了看到他们在一起，我宁可自己病着。"

孩子对家是很忠诚的。如果家庭这个系统运转不灵了，孩子就会通过自己的病来让系统继续运转。这也是一种互补，无奈的互补。

第三种是角色错乱，即系统中的某些人承担了其他人该承担的角色，并把所有人都固定在错误的角色上。这种不健康的互补关系常常发生在家庭成员之间。

我观摩过一个个案，儿子有多动症，爸妈都很着急，所以从很远的地方来找心理咨询师。在咨询室里，咨询师问爸妈发生了什么。爸爸开始指责妈妈，说自己在外面做生意，家里比较忙，让妈妈专职带孩子，谁知道妈妈没有带好……妈妈就在旁边看着儿子不说话。可是过了一会儿，儿子忽然对妈妈说："妈妈不哭，妈妈不哭。"并跑过去抱住妈妈。这时候，咨询师和爸爸才发现妈妈哭了。

这是一个简单的场景，却深刻揭示了这个家庭在角色上的互补性。爸爸指责妈妈，妈妈会伤心，而妈妈一伤心，这种情绪就会影响儿子，让儿子的问题加重。然后，爸爸更上火，更容易指责妈妈。这样的互动模式就固定了三个角色——指责者、安慰者和受害者，让三个人都没法动弹。

这种不健康的互补关系要怎么改变呢？从个体的角度出发，人们容易从出问题的那个人身上去思考改变之道。也许这个爸爸会觉得，只要能把儿子的病治好，自己家就没有问题了。

可是，系统的改变，从来不是一个人的事，而是系统里每个人的事。这个爸爸没有发现，治好儿子的药，就在他自己身上。

但他不能直接治疗儿子，而是需要重新靠近妈妈，安慰妈妈，减轻妈妈的焦虑。这样，妈妈才不会紧紧抱着儿子不放，把自己的焦虑传递给儿子。而儿子只有不再担心妈妈，多动的症状才会减轻。这就是系统的互补。

互补关系最大的特点，是通过固定角色抹杀人更多的可能性。这会让关系中的每个人都失去改变和成长的机会，甚至就算想要改变，也总是无能力为。

从系统的角度理解，改变不仅意味着改变某一个行为，更是从改变某个行为开始，重塑一个系统。当你有所改变的时候，系统会产生一定的混乱，你会遇到很多阻力。但是，这个系统最终会从混乱达到一个新的平衡，一种有更多可能性的平衡，一种更利于系统中每个人自我发展的平衡。

● 自我发展之问

试着观察你所在的一个系统，可以是公司，也可以是家庭。然后思考：

这个系统给你分配了什么样的角色？这个角色是如何形成的？如果你想要改变，来自系统的阻力有哪些？

不安全依恋:
爱为何会变成牢笼

既然自我不再是稳定的实体,而是关系的产物,那么自我发展的核心问题,就从一个孤立的个体如何创造新经验,转变成一个身处关系中的人如何构建有利于自我发展的新关系。

那么,什么样的关系最有利于自我发展?我的答案是,一种自主的、有选择的,但能对自我负责的关系。这样的关系有两个特征:第一,不会轻易被他人的情绪影响,能够自由地作出选择;第二,能够不断探索新的关系,发现更多可能的自己,而不是被绑在某段关系或者固定在某个角色中无法动弹。

可是在现实生活中,我们经常会被他人的情绪影响,会生活在别人的目光中,会在一段不健康的关系中纠缠不清。接下来,我会探讨两种自我和他人的感觉混淆——不安全依恋和关系的三角化,以及两种自我和他人的责任混淆——"都是你的错"和"都是我的错"。最后,我会介绍这些混淆造成的一种关系的困难——关系的纠缠。

不安全依恋导致感觉混淆

先来看感觉的混淆，就是我们过于沉浸在别人的感受中，无法发展自己的感觉。为什么会这样呢？

我4岁那年，妈妈去照顾生孩子的小姨，让我在外婆家生活了一星期。据外婆说，那几天，我经常失魂落魄地望着院子的大门，等着妈妈回来，一望就是半天。有一天，一个邻居路过院子门口，说："我看到你妈妈回来了，已经下公交了。"我便抛下外婆，飞快地跑了出去。跑到一个斜坡的时候，我看到远处的一个影子，觉得那就是妈妈。结果，身体没有跟上灵魂的步伐，狠狠地摔了一跤，磕断了两颗门牙。

虽然你并不认识我，可是当我这样描述的时候，你很容易理解一个孩子迫切想要回到妈妈怀抱的心情。孩子扑向妈妈的怀抱，这饱含情感的一幕，是人类共同的经验。人和人之间是紧密相连的，所以形成了各种关系。可是，把人连在一起的底层动力是什么呢？不是利益，是情感。当我们和他人的情感过于紧密时，他人的感觉就会变成我们的感觉，这时候，感觉的混淆就会产生。

依恋，是人最强烈、最基本的情感。很多感觉的混淆，就发生在不安全依恋的两个人之间。

什么是依恋呢？依恋就是孩子和母亲之间强烈而又紧密的情

感联系。我4岁的女儿现在还和妈妈睡在一起。睡觉的时候，两个人呼吸连着呼吸，心跳连着心跳，好像成了不可分离的一个人。在日常生活中，母亲和孩子之间也有很多亲密的互动。比如，孩子看妈妈，妈妈回看孩子，孩子冲妈妈笑，妈妈也冲孩子笑。这时候，孩子和妈妈都会觉得温馨。

但是，如果依恋对象本身有很强烈的不安全感，那也会让孩子没有安全感，形成不安全依恋。

北欧的心理学家曾经做过一个研究，观察婴儿对父母的反应，发现了三个典型的场景。第一个场景，是父母在逗婴儿玩耍，婴儿会很开心，很享受。这是一种安全型的依恋。第二个场景，父母在谈话，讨论工作的事情，没有把注意力放到孩子身上。这时候婴儿也很安心，因为他知道父母在。他就会东看看、西看看，探索他的世界。这是孩子有了安全感以后，发展社交能力的基础。第三个场景，父母有了矛盾，吵架了。这时候，妈妈虽然很想掩饰坏心情，努力逗婴儿笑，可是婴儿感受到妈妈的不安，就会很紧张地盯着妈妈。他还会用目光寻找爸爸，好像是想找一个能安慰妈妈的人。

所以，依恋其实是一个情感通道，它既能把安全感传递给孩子，也能把不安全感传递给孩子。在依恋的关系中，孩子就像一块海绵，吸收妈妈的感觉。如果孩子吸收了太多妈妈的焦虑，就不会有探索世界的兴趣。再长大一些，他会把妈妈的焦虑当作自己的问题，并因为自己没有办法解决妈妈的焦虑，而深深地感到苦恼和自责。

有人说，女儿是妈妈的小棉袄，如果妈妈过得不开心，小棉袄可就不好当了。我有一个来访者，有一段时间心情不好。当她去幼儿园接5岁的女儿的时候，不等她说什么，女儿就会忧心忡忡地问："妈妈，你今天不开心吗？"

妈妈说："我没有啊！"

女儿却仍旧着急地问："妈妈你哪里不开心啊？"

可见，无论妈妈多想要掩饰自己的心事，年幼的女儿都会敏锐地感觉到。在紧密的依恋关系中，妈妈的不开心会变成孩子的不开心。这会给孩子带来很深的不安全感，直到他们成年。

我有一个来访者，她受过很好的教育，也有不错的工作，可经常不开心。

我问她原因，她说："一想到我妈妈过得不开心，我就开心不起来。我也想去旅游，想给自己买好的东西，可是，只要我对自己好一点，妈妈忧郁的表情就会在我眼前浮现。"

原来，她的爸爸和妈妈关系不好。小时候，妈妈经常跟她倒苦水，给她留下了很深的印象。有一天，我把她妈妈请到了咨询室。我问她妈妈："你需要女儿为你担心吗？"

妈妈说："不需要。这么多年，我已经习惯了。而且，现在我和她爸爸关系还不错。"

我又问女儿："你怎么看妈妈的话呢？"

女儿说："不是这样的！她明明不开心，她只是在骗自己。"

女儿想表达什么？她其实想说：我比妈妈更懂她的感觉。这么多年，妈妈的痛苦已经深深地嵌入她的感觉里。以至有些感觉妈妈都忘记了，她还帮妈妈记着。当妈妈的情感占据了她的头脑时，她就分不清什么是自己的情感，什么是妈妈的情感。她沉浸在妈妈的情感里，没办法发展自我。这就是过于紧密的依恋带来的不安全感。

不安全依恋会影响自我发展

那么，这种不安全依恋会怎么影响自我的发展呢？主要有三点。

第一，如果父母的问题，尤其是母亲的烦恼占据了我们太多的注意力，我们就很难再有好奇心去探索世界，也很难发展出自己的技能。

有一个来访者对我说，有一段时间他在准备一个重要的考试，一边复习还一边想着吵架的父母有没有和好。因此，他很难集中注意力复习。那时候，他已经是一个大学生了。有一些研究表明，不安全的依恋会导致拖延。这可能是因为拖延症患者需要想太多不安全的关系，以致没法专注在自己的工作中。

第二，如果因为不安全感而习惯去观察别人的情绪，我们会很容易对别人的情绪反应敏感，无论那些人是家人还是同事。

我发现，很多在人际关系上敏感的来访者，小时候都曾经历过不安全的依恋关系。他们很容易把自己放到这样的位置上：我要为别人的情绪负责，如果别人不高兴了，那就是我的错。

所以他们很会察言观色，对别人的情绪也总是小心翼翼。这给他们带来很大的负担，也让他们的人际关系变得很复杂。

第三，不安全的依恋会让我们和母亲的关系变得更加紧密，从而很难发展自我。

越是不安，人越是会相互靠近。这样，孩子就会和母亲变得非常紧密，缺少自己成长的空间。孩子的成长过程，也是一个逐渐离家的过程。可是因为跟母亲过于紧密的关系，孩子会变得很难离家，去跟其他人建立友情和爱情。

自我是在关系里发展出来的，如果没有更丰富的关系，我们就很难发展出丰富的自我。同时，如果我们心里装着太多别人的感受，就很容易忽略自己的感觉、情绪、需要、欲望，会把它们当作不重要的东西。

虽然随着成长，我们和父母的依恋关系不再那么重要，但它是人际关系的一个模板，决定我们会怎么看他人、怎么跟他人相处，以及如何在靠近的渴望和被抛弃的焦虑之间寻找一种平衡。这种平衡，就变成了我们的人际关系风格。

如果一个人已经在依恋关系中有了很多不安全感，怎么办呢？虽然修复不安全感的过程并不容易，但是对这个问题，我倒是有个简单的解决办法。既然旧的经验来自以往的关系，那我们需要尝试新的关系，建立新的经验。对于不安全感，我们只能带着依恋的焦虑，一点点接近和信任别人，在安全的关系中，慢慢地塑造新经验。这一点，我在后文会具体展开。

● 自我发展之问

你和原生家庭之间的依恋关系是什么样的？在童年的时候，你能信任和依赖你的父母吗？他们是否给了你足够的安全感？这种依恋关系，如何影响了你和其他人的关系？

关系的三角化：
痛苦的"夹心人"

人际交往中的"三角关系"很普遍

除了不安全依恋，还有一种造成我们感觉混淆的不健康的关系模式。身处这种关系模式中的人，会感觉到沉重的痛苦，但很难看清它的结构和根源，往往会陷在其中无法抽身。这种关系模式就是关系的三角化。

你有没有注意到，比较稳定的关系都是三个人组成的。我们学生时代的死党密友经常是三个人，连《哈利·波特》里都是三个人组成个"小团伙"。伍迪·艾伦（Woody Allen）的电影《午夜巴塞罗那》里有一对艺术家夫妻，俩人经常吵架。可是，当女主角加入，组成奇特的三人关系后，夫妻俩就不再吵架了。

这并不是偶然，而是一种常见的人际现象。为什么三人关系比两人关系稳定？因为两个人发生矛盾和分歧的时候，很容易起冲突。如果有第三人存在，两个人会各自通过跟第三个人的联系，减弱两个人之间的情感张力，三个人的关系就会重新变得平衡。

作为一个心理咨询师，我经常在咨询室里看到，夫妻原本在讲他们自己的问题，正要讲到矛盾之处，他们就会各自避开，去跟孩子说话。"儿子你说说该怎么办？""儿子你说说是不是这样？"他们这么做，既能避免彼此发生直接冲突，还能通过跟孩子说话，向对方传递一些信息。所谓三角关系，就是当两个人的关系出现问题时，其中一个人或者两个人通过引入第三者，来消减两个人之间的情感张力，淡化他们的矛盾，从而让关系变得更稳定。

三角关系本身不是问题，而是一种正常的人际现象。但是，如果三角关系中的某个人一直是另两个人解决矛盾的工具，那这个人就被三角化了。被三角化的人，会产生很多困惑，别人的矛盾和情绪会变成他的问题。而他会被卡在这段关系中，没法出来。家庭治疗大师、发明三角化概念的莫瑞·鲍恩（Murray Bowen）甚至说过，所有的精神疾病，究其本质，都是三角化的问题。

其实，三角化的关系是很普遍的。以家庭关系为例，有些夫妻发生了矛盾，会通过贬低孩子来贬低对方。比如，妻子跟丈夫说："看看你家孩子，今天又惹什么祸了！"丈夫会跟妻子说："看看你教的儿子，成绩这么差！"当夫妻这么说的时候，看起来是在指责儿子，其实是在指责对方对孩子的教育不上心，对家庭不够投入。但是孩子并不知道，会以为是自己犯了错，才让父母这么生气。

　　还有一种情况，父母都很爱孩子，一方经常会以孩子的名义向另一方提要求：孩子说了要怎么怎么样；这样对孩子才是好的……另一方还没法反驳。这时候，孩子就被提到一个很高的位置，成了父母权力的来源。处在这个位置的孩子会非常小心，担心自己的话会变成父母冲突的来源。这还是一种三角化。

　　不止父母和孩子之间会有三角化，夫妻和婆婆之间也有。婆婆和媳妇闹矛盾，婆婆会跟自己的儿子数落媳妇的不是，媳妇也会跟老公数落婆婆的不是。这时候，夹在中间的老公就会变得非常苦恼，只要稍微有一点儿偏向，另一方就会指责他不理解、不支持自己。

　　职场中也有这样的三角化，很多办公室政治就是这种三角化的产物。我有一个来访者，本来在公司好好做自己的事，跟部门领导的关系也不错，可是公司空降来一个大领导。这个大领导对他没什么意见，但跟部门领导特别不对付。有一次他去作报告，出现了一个纰漏，部门领导也在，大领导就冷笑着说："你们部门就是这种水平吗？"看起来大领导是在批评他，其实是借着他在嘲讽部门领导。部门领导脸色铁青，当时就把他训一通："你怎么搞的，这点儿事都做不好！"

　　他说："自从大领导和部门领导发生矛盾以后，我每天上班就跟上坟一样。明明是他俩有矛盾，我却比他们还累。"真是神仙打架，小鬼遭殃。这也是一种三角化。

也许你没有察觉到身边的这种关系，但三角化的关系或轻或重、或多或少都存在于生活里。你也许是三角化别人的人，也许是被三角化的人。如果是后者，就需要特别警醒了。

被三角化的人，很容易产生巨大的情感压力。有个被三角化的孩子说："我就像是父母的拳击手套，他们看起来是在打对方，其实都打在我身上。"这也是被三角化的人经常会有的感觉。

三角化阻碍真实情感的表达

三角化会带来哪些问题呢？

第一个问题，容易让我们产生防御性的隔离。

被三角化的人可能会想，虽然我跟另外两个人没有矛盾，但他们利用我，把我卷入他们的矛盾当中，那我干脆离他们都远一点。可这并不是真的远离，而是为了回避矛盾，不得不压抑对矛盾双方的情感。这时候，被三角化的人就开始疏远自己的真实情感了。

我的来访者曾经说过一个故事。她在读大学的时候，父亲去看她。两个人坐出租车去西湖边，路上一句话都没有说。连出租车司机都很警惕地问："你们俩什么关系？"下车以后，他爸爸很伤心，怪她为什么不跟他交流。她自己也很难过。她心里是很爱爸爸的，也很想接近爸爸，可是想起妈妈对爸爸的怨恨，她就不知道该说什么。好像跟爸爸说话，就是背叛了妈妈。那她跟妈妈关系亲近吗？也没什么话说。防御性的隔离，是对自己无奈的保护，但让三个人都陷入孤独当中。

第二个问题，扭曲我们的情感。

在三角化关系里，如果我们要选择一边站的话，就要顺从我们站边的那个人，压抑对另一个人的感情。这样一来，情感就不再是我们自己的了，而被关系里的某一方给裹挟了，成了他的工具。这同样会让我们无法自由发展自己的情感。

我们家没什么太大的矛盾，可是也存在三角化的情况。有一天我正在沙发上跟爱人和女儿玩，我爱人开玩笑地踢了我一下。女儿本来跟我玩得好好的，见爱人踢我，以为我们吵架了，就在我的脸上狠狠地抓了一把。真是抓在脸上，疼在心里。我爱人看到了，就赶紧说："你为什么抓爸爸啊？妈妈是开玩笑的。"女儿露出一副很不好意思的神情。我们以为这件事过去了，谁知道晚上要睡觉的时候，女儿还问妈妈："妈妈，你是跟爸爸开玩笑吗？"我爱人说："是啊。你怎么抓爸爸呀？"女儿说："我是真的生气。"

我女儿今年4岁，不是很懂什么关系，可是她知道要对妈妈忠心。如果我跟爱人真的起冲突了，这种忠心会让她否定对我的感情。这时候，她就没办法自由地表达自己的感情了。

第三个问题，让我们感到内疚和自责。

被三角化的人会觉得，都是自己的错，是因为自己没做好，才导致另外两个人有矛盾。

如果我们长期处于这样的关系中，就会生病。这也是为什么鲍恩说，大部分精神疾病的本质都是三角化的问题。

告别痛苦的"夹心人"

我们都知道，父母吵架常常会影响孩子的心理健康，但造成影响的根本原因不是吵架本身，而是这种三角化的关系。

我的一个来访者一直充当父母之间传话筒的角色。妈妈如果有问题，就会对她说："你去跟你爸爸说说……"她觉得自己就像是爸爸妈妈之间的桥梁一样，他们有什么问题，都要通过她来沟通。可是，她只觉得很压抑、很无奈，从来没有怀疑过自己的这个角色是否正当，而把它当作理所当然的事承担下来了。

我就对她说："你知道桥梁最大的问题是什么吗？桥梁是被固定的，它没有办法找自己的路。因为桥梁知道，如果它离开了，桥梁的两头就会变成两座孤岛。"

可是如果我们想得再深一些，真是这样吗？也许，正是因为有桥梁存在，这两座岛才不会去寻找新的沟通方法。如果没有桥梁，两个人必须面对彼此的问题，他们反而能够找到一种解决冲突的办法——无论这种办法是和好，还是最终决定远离。

如果你是正在把别人三角化的一方，那你就要注意，不要把别人当作缓解矛盾的工具，有些冲突和矛盾需要你自己去好好面对。如果你是被三角化的一方，你需要重新回到关系，告别痛苦的"夹心人"角色。你可以跟关系中的每一方讲：我很想跟你们保持好的关系，可是我不想卷入你们之间的战争，让我们回到单纯的、我和你之间的关系。记住，无论他们是怎么解决矛盾的，也无论你多么关心战争的双方，这都不是你的战争。

● 自我发展之问

你是否有过这样的经历，被夹在两个有矛盾的人中间，而这两个人都跟你有关系，比如父母、婆媳，或者公司里两个有矛盾的上司？

在这段经历中，你的感受是怎么样的？在这样的关系里，你为难的地方在哪里？你有哪些解决三角化问题的办法？

都是你的错：
我们为何互相指责

"都是你的错"思维的源头

除了不安全依恋和三角化，在关系里，我们还常常产生一种混淆，就是不自觉地逃避自己的责任，觉得所有问题都是别人主导关系的结果。这样一来，我们就会试图通过控制别人来解决关系的难题。

我给这种典型的责任混淆取名叫"都是你的错"。

"都是你的错"的思维很常见。在关系中，很多愤怒、抱怨的背后都有这些指责的影子。可是，对于这种思维的源头，很多人就没那么熟悉了。这个源头就是：从个体的视角看自我。

为什么这么说呢？

如果两个人的关系出现了问题，从个体的视角看，我们会觉得是某个人的个性造成了这种关系的问题。比如，我们会认为，妈妈控制欲强，所以老公和孩子都对她有意见；领导太软弱，所以员工都不听他的。

这其实是一种"因果思维"，一个人做错了什么事，才让另一个人有某种反应。既然有因有果，我们就难免会去追究对错，追究谁是不美满结果的第一因，追究谁该为结果负责。这又造成了"对错思维"。

所以，个体视角导致因果思维，因果思维引发对错思维——冲突就是从这里开始的。通常情况下，那个被认为是罪魁祸首的人并不认为自己是原因，他觉得别人才是原因，自己只是结果。于是，两个人就起了争执。人与人的关系模式就这样形成了。

而真实的情况是，在关系里，每个人都是彼此的原因，每个人又都构成彼此的结果。关系中的双方是以一种"循环因果"的方式相互加强，并最终都成为这种互动关系模式的受害者。比如，用关系的视角看，我们不仅会思考，妈妈做了什么，让老公和孩子都对她有意见；还会关注，老公和孩子做了什么，让妈妈这么爱控制他们。

关系里的应该思维

我在前文举过一个例子，一对情侣吵架，男朋友对女朋友说："好了好了，我错了。"女朋友不依不饶地说："那你说说你错哪了！"他们的沟通方式就是在讨论对错，这让两个人就像拳击台上的对手，谁都不敢轻易把自己防御的拳头放下。否则，对方很有可能会穷追猛打。这样一来，谁都不敢认错，谁都在指责对方错了。两个人的关系，就在对错的讨论中对立起来，陷入僵局。

可是仔细想想，关系中对与错的标准是什么呢？常常是"你没有顺我的意"。当然，在"你没有顺我的意"之前还有一句话：你对我很重要。否则，我们就不会这么纠结对错了。可正是因为"你对我重要"，我更难接受"你没顺我的意"。

我在第二章提到应该思维的本质是我们不去改变自己的想法，而要世界、他人，甚至自己按我们的想法运行。纠结对错，就是关系里的应该思维。

我有一个来访者，她经常抱怨老公不负责任，孩子拖拉。老公和孩子对她也有意见，一家人出现了矛盾和冲突。我问她老公哪里不负责任，她告诉我，孩子成绩不好，最开始她不想多管，放手让老公去教孩子。可是老公的做法就是每天对着儿子念叨三遍："你要好好学习！"过了一阵子，她去检查儿子的作业，发现全做错了。没办法，她只能自己来。她接手以后，孩子的成绩突飞猛进。可是她很郁闷，觉得是老公不负责任，让自己被孩子捆住了。

我就问她："是谁把你逼成这样的？"她想了想说："是现实把我逼成这样的，因为老公就是不会教孩子啊！"我说："可是我觉得，你是为了达成理想，接过了老公的工作，把自己燃烧成了光和热啊！"她听完笑了。

我和她的说法是有区别的。她说的是，老公和孩子把她逼成了这样，她没有选择。可我说的是，她为了自己的理想，自己选择这么做。

来访者并不完全同意我的说法，她说："难道不应该让孩子成绩好起来吗？孩子成绩好，老公也开心啊！"我说："是。可是孩子成绩没那么好时，老公也能容忍，孩子好像也能容忍。所以，成绩好不是他们的理想，而是你的理想啊！"她叹了口气说："唉，就是老公和儿子的理想跟我的不一样。"

别人的想法跟我们不一样，这就是关系中的现实。我们头脑中有再多的应该——"成绩好应该很重要""孩子应该听话""老公应该关心我"——都不一定能改变这个事实。对错就是维护应该思维的工具，是让别人的想法屈服于我们自己想法的企图。如果我们能够容忍理想和事实的差异，那我们就会变得更灵活，有更多处理的空间。反之，我们就会在对错的争论中拼命防御，最终受伤的只会是关系。

承担自己能承担的责任

那么，我们该怎么用关系的思维看待责任问题呢？其实特别简单，就是意识到：关系里人的行为是相互塑造的，根本没什么明确的因果，也没什么明确的对错。

这不是一种容易被人接受的思考方式。没有了对错，我们身处的关系如果出现了问题，该怎么办？谁来改变？我的回答是：唯一的办法，就是把注意力放回到自己身上，做自己能做的事，承担起自己在关系中应该承担的责任，而不管别人怎么样，也不管最终结果如何。

我经常在咨询室里遇到关系出问题的夫妻或者伴侣。妻子会责怪丈夫不思进取，丈夫会责怪妻子不够体贴关心，吵得不可开交。其实他们反反复复说的就是一句话："都是你的错！"

有时候我会让他们停下来，对他们说："你们已经罗列了太多对方的错误，尝试了太多让对方改变的事情，看起来都不怎么奏效。现在你们能不能回到自身，想一想，自己能做什么来让关系有所改变？"

有时候，妻子或丈夫会露出一副无辜的表情对我说："为什么让我改？我有什么错呢？明明是他（她）的错！"

我会对他们说："关系里并没有对错，也没有好人、坏人，只有相互影响。如果你一直在考虑对方应该怎么做，你就在试图控制你控制不了的事情。现在，你能否回到你能控制的事情上，想想你能做什么，来让你们的关系有所改善呢？"

这时候，他们虽然不再直接说"都是你的错"了，可是会用各种形式、各种奇怪的说法继续表达"都是你的错"。比如，有些人会说："我觉得我们是要改变，可经常我改变了，他（她）却不改。"这是在说"都是你的错"。

有些人说："我早就说了，遇事要先从自己身上找原因。"这句话的意思是，我能从自己身上找原因，但是你不能。这还是在说"都是你的错"。

有些人会说："我跟别人沟通时都好好的，就是跟他（她）讲不通道理。"这还是在说"都是你的错"。

还有些人会说："我可以改，只要他（她）变得更加温柔体贴一点。"这也是在说"都是你的错"，因为你没改，所以我改不了。

遇到这些状况时，我就会说："他（她）改不改是他（她）的事，你能不能把目光放到你自己身上。你怎么做，是你唯一能控制的事情。"

回到自身，承担自己能承担的责任，这是突破对错思维最直接的办法。因为你是系统的一部分，通常情况下，你有了改变，对方也会作出相应的调整。

你也许会觉得憋屈：凭什么让我改！确实，你并不是非改不可，关系是可以破裂的。如果一段关系真的让你不舒服，你可以离开。但是，如果你愿意改变自己去修复这段关系，就代表这段关系对你很重要，你很珍惜它。如果面对一段重要的关系，你一边说自己珍惜它，一边不愿意改变自己，反而一次次试图让对方改变，哪怕你的经验早就证明这样做没有效果，那这就是你的错。

● 自我发展之问

你曾经经历过哪些关系的烦恼？在这段关系里，你做过哪些让对方改变的尝试？对方又做过哪些希望你改变的尝试？这些尝试有效吗？

试着从自己的角度思考：不管对方的反应是什么样的，你能做的是什么？你愿意做吗？

都是我的错：
我们为何会自责

人与人需要保持边界

和"都是你的错"对应的责任混淆，叫"都是我的错"。前者是要求别人为我们的感受负责，逃避我们在人际关系中的责任；而后者是我们想要为别人的感受负责，承担我们不该承担的责任，令自己生活在不必要的内疚当中。

有的人可能觉得很难理解：怎么会有这么傻的人，用别人的问题增加自己的负担？其实，这种思维偏差很普遍，只是很多人没有意识到。

有一次我参加一个心理咨询的沙龙，现场有听众提问说："我有一个朋友，最近一直不开心，我怀疑他得了抑郁症。我劝了他很多次，他都不肯去做心理咨询。请问遇到这样的情况，我该怎么劝他呢？"

我说："你已经做了你能做的事情。你劝他去做咨询，他觉得不需要，这就是他的选择和决定，你只能尊重他的选择。"

听众对这个答案不太满意，他说："可是我作为朋友，看着他一天天消沉下去，我是很内疚的。如果你有这样的朋友，自己又不做些什么，不会内疚吗？"

我说："会内疚。可是我知道，内疚是我自己的情绪，我需要自己处理好它。"

这个听众对他朋友的抑郁是有内疚感的。如果他的朋友真的出了状况，这种内疚也许会转化成自责，他就会想：都是我的错，是我没有好好劝他，他才不去做心理咨询的。

这里面既有一种同情，也有一个隐含的假设：觉得自己很重要，重要到能够影响朋友的决定，甚至能够为朋友的人生负起责来。

他的提问让我想起心理学里的"流浪猫效应"。这个名词说的是，有个善良的女士，散步的时候看到一只流浪猫，觉得它很可怜，就把它带回家喂养。过了几天，她去散步又遇到一只野猫，觉得它也很可怜，只好又带回了家。第三只、第四只……附近的野猫好像都被她遇到了。很快，她家变成了猫窝。她一边在家养猫，一边怨气冲天，觉得自己的生活被这些猫给毁了。可要扔下这些野猫，又于心不忍。于是，她就成了猫奴。

这个故事提醒我们，无论出于什么样的善心，助人者和求助者之间都应该有边界。在帮助别人的时候，要警惕好心突破了边界，最终损害彼此的关系。

在心理咨询里，边界是一个挺重要的词，它的意思是：**我们需要承认和尊重彼此的独立性，我为我的生命负责，你为你的生命负责，绝不轻易越界**。就像两个鸡蛋，都带着自己的壳，无论你多想跟别的鸡蛋亲近，也只能期望成为"一个篮子里的鸡蛋"，而不能期望成为"同一枚鸡蛋"。如果挨得太近，容易鸡飞蛋打。

人总是有亲近别人的渴望。因为这种渴望，我们总是希望能够承担别人的痛苦。可是，有时候我们需要承认自己的限度。不是我们的爱心不够，而是我们的能力不够。边界就在那里，很客观，我们只能承认和遵守。

和家人的边界更难坚守

最难坚守的边界，算得上是家人之间的边界。

我观摩过一位老师的个案。有一对夫妻，丈夫忙着挣钱，妻子在家带孩子。妻子怨丈夫没有顾家，丈夫觉得自己为了家人累死累活，妻子却不理解自己。因此，两人经常争吵。而他们上初中的女儿，有些抑郁。

这是常见的家庭模式。夫妻都抱着"都是你的错"的思维，胶着了很久。在一次咨询中，妻子又开始抱怨丈夫，说他有一段时间，一从公司回来就往床上躺，完全不理家里的事。丈夫辩解说，那段时间他把腿扭伤了才会这样。妻子不仅不去照顾他，还要责怪他。

这时候，旁边的女儿插话了。她说："我记得不是这样的。我那段时间考试没考好，心情不好，每次回家，都往床上一躺。爸爸可能是学我，就往床上躺了。"

当时，整个咨询室的氛围还处在夫妻俩的剑拔弩张中，甚至没人仔细听女儿说什么。这时候，这位老师却停了下来。她问妻子："你知道你女儿在说什么吗？"

妻子愣了一下，就说女儿也许是替爸爸辩解。看得出来，她并不觉得女儿的话有什么重要的。

老师继续说："如果这样，你就对女儿的话太不敏感了。她其实是在说，不要怪爸爸了，要怪就怪我，都是我的错！"

所有人都安静了，气氛一下子变得悲伤而凝重。妻子哭了出来。过了一会儿，她说："老公，我们不要这样了，我们要改。"

父母不能解决自己的矛盾，子女就会把他们的矛盾当作自己的问题。有些子女会觉得，是自己不够乖巧父母才吵架，所以拼命表现得乖巧来讨好父母。有些子女觉得，父母吵架是因为自己成绩不够好，所以拼命努力学习。长大一些以后，他们也许能分得清这是父母的问题，可他们心里还是会抱有这样的幻想：如果我再多做点什么，也许爸妈之间的矛盾就能解决了。

这种内疚，有时候会成为一种思维习惯。在其他人际关系中，每当别人生气，具有这种思维习惯的人都会觉得是自己做错了什么。

"都是我的错"的根源

我遇到过一个来访者，是一位年轻有为的女士。她一直觉得自己对不起父母。原因是，在她很小的时候，爸爸很想要一个男孩，妈妈不是很想要，就去问她的意见。她恶狠狠地说："如果你们生个弟弟，我就掐死他。"于是，妈妈听了她的话，没有要弟弟。后来，父母的关系一直不太好，她觉得跟自己当时的决定有关。

我问她："你那时候多大？"

她说："四五岁吧。"

我说："我觉得，与其说是你妈妈听了你的话，不如说是你帮你妈妈说出了她想说的话。要知道，在一个和谐的家庭里，这么重要的事情，是不会让一个四五岁的孩子决定的。你只是对你妈妈的想法比较敏感而已。"

她想了想，说："也许是吧，可我仍然觉得我做得不够。要不是我初中就到外地上学，也许他们的关系不会那么差。他们就是从那时候开始吵架的。"

我说："这一点我也不是很理解。如果你在家，也许你跟妈妈的关系会好一些，跟爸爸的关系也会好一些。可是，你怎么能够改变他们对彼此的感觉呢？夫妻关系不就是他俩之间的关系吗？"

她说："你是说，我改变不了他们的关系吗？"

我问她："你觉得能吗？"

她想了想，叹了口气说："也许真的不能。可是你这么说，我特别难过。原来我还可以想，是我自己做得不好，他们的关系才会不好。可是我很不想承认，这么重要的事，我居然什么都做不了。相比之下，我宁愿觉得他们的关系不好，只是因为我没做好。"

她是一个特别聪明的女士，自己说出了"都是我的错"产生的根源。为什么我们要把明明不是自己的责任，扛到自己肩上呢？原因就在于，我们宁可忍受内疚和自责，也不想承认，在一段重要的关系中，我们居然是无能为力的。相比内疚和自责，无力感更让人难以忍受。

我发现，很多习惯自我苛责的来访者，都曾经面对过一段难以处理的关系。自我苛责也许就是他们适应这种关系的应对机制。

我有一个来访者，她上初中的时候，父母关系不好，总是吵架。她不可避免地陷入了三角关系，经常会像裁判一样评判父母的对错。可就算这样，也没办法让他们停止争吵。而且，裁判可以置身事外，她却不能。有时候父母吵完架已经晚上两三点了，她还在床上难过得睡不着。

父母虽然关系不好，却是心疼孩子的。这时候，爸爸常常会跑去跟她说："没关系，我和你妈妈的矛盾是我们自己的事，跟你没有关系。"她只好扮演一个乖女儿的角色，说："嗯，我知道的。我会处理好自己的事。"

　　为了不让父母担心，她每天早晨六七点就起床去上自习。她当然不会跟同学说自己心里的苦恼——对每个孩子来说，家里的纠纷都是天大的秘密。在教室里，她常常打瞌睡，可是为了不让老师和同学看出自己有什么异样，她甚至不敢在课堂上趴着睡会儿。每当这时候，她就会有一种抽离的感觉，觉得一切像是在做梦，在梦里特别孤独。

　　那段时间，她的成绩下降，她就开始不停地责怪自己。

　　我问她："你怎么不怪父母，而一直怪自己呢？"

　　她想了想，叹了口气说："怪他们有用吗？如果要怪他们，那我宁愿怪自己。"

　　"都是我的错"是被三角化的人经常会产生的典型心理。他们没有办法解决别人的矛盾，就把别人的矛盾变成自己的问题，以此告诉自己，我是有办法的，只是我没做好而已。

这不是你的错

　　"都是你的错"，它的攻击是向外的，指向别人的，引发的情绪是愤怒；而"都是我的错"，它的攻击是向内的，指向自己的，引发的情绪是内疚、自责和抑郁。

　　有时候，"都是你的错"和"都是我的错"是成对出现的。比如，有些母亲会对孩子说："要不是你，我早就离婚了。"这是一种"都是你的错"的形式。孩子自然会认同妈妈的说法，他会想，都是因为我，妈妈才过得这么不好。这是一种"都是我的错"的形式。当"都是你的错"和"都是我的错"形成互补关系，关系的一方常常会变得越来越愤怒，另一方变得越来越抑郁。虽然关系里的两个人都不舒服，却常常无法改变。

这种状况不仅会出现在家庭里，职场中也很常见。一个老板总是指责某个员工，员工觉得都是自己的错，慢慢地，他就会习惯做一个"背锅侠"。在感情里也是，如果一方总是指责另一方，而另一方总觉得都是自己的错，总有一天，这样的关系会崩坏。

所以，边界的含义是，**即使是最亲近的人，我们都需要承认，我们跟他是不同的人**。有些困难，只能他自己去面对和解决；有些决定，只能他自己来做，无论他的决定在我们看来有多糟糕。因为，每个人都只能对自己的生活负责。如果你总是把关系的错误归为自己，经常觉得内疚和自责，那也许你该提醒自己：这不是我的错。

● 自我发展之问

你上一次为他人的情绪感到内疚或自责是什么时候？

从哪种意义上看，你需要为此承担责任？从哪种意义上看，你并不需要？

如果你有内疚和自责的习惯，这种习惯是在怎样的关系中产生的？它在关系中的"好处"是什么？

关系的纠缠：
亲密关系如何伤害人

关系纠缠的两个特点

在前文，我分析了人们是如何混淆自我和他人的感觉和责任的，这些混淆会造成什么样的后果呢？最常见的后果，是让我们陷入一种奇怪的关系中：在这种关系里的人，彼此紧密联系，又相互折磨，想要脱离，却无法改变。

有人说："人与人之间的关系，就像一群刺猬，离得远了会觉得寒冷，离得近了又会相互伤害。"想靠近又靠近不了，想离开又离开不了。这就是"关系的纠缠"。

关系的纠缠，经常发生在和我们关系很近的人身上。自我发展需要独立的空间，因此要有边界，要区分你我。但在纠缠的关系中，因为对方太重要了，我们希望对方能想我们所想。如果对方想的跟我们不一样，这对我们就是一种伤害。如果对方有任何离开的举动，哪怕只是需要有一个个人的空间喘口气，都是对我们的背叛。这些都是纠缠。

关系的纠缠通常有两个特点。

第一个特点，所有纠缠都包含相互加强的循环。

我见过一对父子，儿子刚上小学六年级。爸爸说儿子脾气很倔，让我帮着改改。怎么倔呢？爸爸让儿子系鞋带，他会故意系得松松垮垮，过一会儿就散了。让他做作业，他磨磨蹭蹭不做。爸爸有时候忍不住会打骂儿子。儿子却一扬头，说："只要爸爸打我骂我，我就故意不系鞋带，就故意磨蹭。"爸爸很生气，说："看我不打你！"这种对抗就变成一种不断加强的循环，变成一种纠缠。

第二个特点，所有纠缠都有形式上的对称。

我收到过一封邮件，一位女士跟我诉苦。她的爸爸和妈妈关系一直不好，她是在妈妈的抱怨中长大的。后来她出国了，在国外找了男朋友，可是妈妈并不认可这个男朋友，想让他们分手。她觉得妈妈不理解自己，便很伤心，对妈妈有很多抱怨。

我告诉她："你妈妈在期待一个'听话懂事'的女儿，你让她失望了。没能满足她的期待让你痛苦，所以你埋怨她为什么要有这样的期待。可是你又何尝不是在期待一个'通情达理'的妈妈呢？这样的期待，到底谁比谁更正义呢？"

妈妈期待女儿"听话懂事"和女儿期待妈妈"通情达理"，就是一种形式上的对称。妈妈因为女儿不听话生气，女儿因为妈妈不通情达理抱怨，也是一种形式上的对称。这样的对称，在所有纠缠的关系中都是存在的。

任何亲近的关系，家人、朋友、情侣、上下级，都可能出现这样的纠缠。这些关系的纠缠最初都是从对彼此很深的好感和很高的期待开始的。慢慢地，这种好感和期待就变成了对对方的要求，而对方并不总能满足要求。于是，两个人之间开始有怨气，互相指责。最后，一段良好的关系，因为靠得太近，变成了相互伤害。

从"我"的环节入手，打破纠缠

怎样才能不陷入这样的纠缠呢？

理论上来说，从循环中任何关于"我"的环节入手，都可以打破这种纠缠。以妈妈跟女儿的纠缠为例，妈妈希望女儿听话懂事，找个她认可的男朋友。女儿可以这样想：妈妈有这样的期待，可是我没法满足她的期待了。如果女儿到此为止，不再期待妈妈会通情达理，不再试图改变妈妈，那这个循环就结束了。

也许你会问：如果我停在这里，不去满足妈妈的期待，是不是很自私？

如果你认为这是一种自私，那你只能自私一点。对妈妈的内疚，是孩子独立的代价。

也许你会问：如果妈妈不符合我的期待，而我停在这里，承认我的妈妈不够通情达理，那我岂不是很失望？

是的，你会很失望，可是我们只能自己处理这种失望。有时候，别人就是不会按我们的想法行事，哪怕是我们最亲近的人。

在关系的纠缠中，我们真正害怕的是什么呢？也许不是内疚，也不是失望，而是情感上的远离。我们最害怕的是，原来，最亲近的人也会和我们有矛盾和冲突；原来，我们只能过好自己的生活。这就是关系中的事实。我们就是不愿意承认这个事实，才会让关系中的彼此那么纠缠，那么痛苦。

所有的纠缠，究其本质，就是我们既不愿承认对方跟我们有差异，也不愿就此放手。既不愿意承认我们满足不了对方的期待，也不愿意承认对方满足不了我们的期待。拼了命想把对方改造成自己想要的样子，并因为改造失败而责怪对方不配合我们。

摆脱纠缠带来的伤害

关系的纠缠，常常伴随着相互伤害。而对伤害的处理，很容易变成一种新的纠缠。

2017年春节的时候，网上流传着一篇声讨父母的檄文，是一个男生写的。他从北大毕业以后到美国留学，再没回家。可是心里咽不下一口气，就写了一篇长文，历数父母以前对自己的种种伤害。我看到这篇文章时，心里想的是，他已经好多年不回家，为什么还是放不下这种伤害，要用写文章声讨的方式，跟父母再次纠缠在一起呢？其实，他是期待父母能意识到对他的伤害，给他一个道歉。很多愤怒、控诉、攻击的最终目的，都是希望对方看到我们所受的伤害，向我们道歉而已。可期待对方道歉，是另一种形式的纠缠。也许有一天他的父母会醒悟，会向他道歉，也许永远不会。可是，这个男生要花多少时间守在这段关系里，等待这个道歉呢？

如果我们一直等着某个道歉，那就等于一直把自己放在受害者的位置，不停暴露自己的伤口，来强化对方需要道歉的理由。

那么，怎么摆脱纠缠带来的伤害呢？

在咨询室里，有时候我会跟来访者谈谈原谅的可能性。谈原谅是很难的，因为谈得不好的话，来访者就会觉得我是站着说话不腰疼，甚至觉得我是在帮那个伤害他的人说话。是啊，一个人心里的委屈，怎么能轻易放下呢？

可是，我说的原谅，并不是要求他们强行宽恕伤害他们的人，也不是要求他们不要愤怒和抱怨——毕竟我们都不是圣人，没法控制自己的感觉。我会跟他们讲原谅的另一种含义。

"原谅"的英文叫forgive，我曾听一个教授说过，其中的give不是给对方的，而是给我们自己的。也就是说，**原谅不是给对方宽恕，而是给自己空间**。给自己空间摆脱关系的纠缠，发展自己。也许，这就是所有纠缠最终的解决之道。

● 自我发展之问

你是否陷入过纠缠的关系中，比如和父母、伴侣或者同事之间？

这段纠缠的关系的源头是什么？你们双方各自做了什么，让这种纠缠维持，甚至扩大？

在情感上，这段纠缠背后有你们怎样复杂和矛盾的情感？在行为上，这段纠缠包含了什么样相互加强的循环和对称？

课题分离:
如何解决关系问题

课题分离解决人际难题

在前文里，我介绍了感觉的混淆、责任的混淆以及关系混淆带来的后果——关系的纠缠。知道了不健康的关系带来的危害后，我们怎么建立健康的关系呢?

我们不妨先来思考一下，为什么会有人际关系的烦恼?

其实，**这类烦恼的主要根源是：分不清什么是别人的事，什么是自己的事。**这会让一个人很容易变得敏感内向，受他人情绪的影响，活在别人的评价和期待中。甚至把别人的期待变成自己的期待，把别人的情感当作自己的情感。而自我发展成熟的标志，就是越来越能分清楚别人的事和自己的事、别人的情感和自己的情感。自我的边界，就是通过这种区分确立起来的。

这就是**课题分离，它是处理人际关系的基本原则，也是建立**

健康关系的基础。

"课题分离"是著名心理学家阿尔弗雷德·阿德勒提出的理论，大意是，要想解决人际关系的烦恼，就要区分什么是你的课题，什么是我的课题。我只负责把我的课题做好，而你只负责把你的课题做好。至于判断一件事是谁的课题，有一个简单的准则：看行动的直接后果由谁来承担。谁承担直接后果，那就该谁负责。

很多让人头疼的人际关系难题，都可以用课题分离的思路来解决，比如以下三种典型难题。

第一种难题，很多人不知道怎么表达自己的需要。

比如，室友太吵了，我们不知道该怎么说；朋友借了几百块钱忘了还，我们不知道该不该要；同事抢了我们的功劳，我们不知道该怎么表达不满。这些事如此困难，是因为我们总是依据想象中别人的回应和看法，来决定我们应不应该表达自己真实的需要。如果我们在以往的人际关系中遭遇过很多拒绝，那会让表达需要变得更加困难。

可是，从课题分离的角度思考，"表达需要"是我们自己的课题，而别人接受还是拒绝，那是他们的课题。**我们不能把自己变成一个探测他人需要的敏感雷达，而看不到自己的需要。**

第二种难题，很多人不知道该怎么拒绝别人。

我有个朋友是个老好人，同事总是找他帮忙。有些事他并不愿意做，可总不好意思拒绝。结果，他就成了公司里的"救火队员"。可他内心又有很多抱怨，经常觉得同事利用了他。于是我问他："如果你拒绝别人，你会担心什么？"

他说："担心别人说我小气，这么点忙都不肯帮。"

用课题分离的思路来理解，别人遇到困难，提出请求，那是别人的事；可是接受还是拒绝，那是我们自己的事。不能因为自己拒绝起来有困难，就抱怨同事不该提请求。如果我们选择拒绝，别人怎么评价，那又是别人的事了。它既不是我们能控制的，也不是我们能剥夺的。因此，别人怎么评价我们，不应该成为我们的行事准则。

第三种难题，很多人因为害怕失败而不敢做尝试。

在害怕失败背后，很多人真正怕的是什么呢？归根结底，是害怕别人的评价。我有一个朋友，经常担心自己在公司表现不好，担心 HR（人力资源专员）会给他的绩效打不合格，因为他在的公司实行的是末位淘汰制。为此，他很焦虑，甚至没法好好工作。我跟他开玩笑说："我觉得 HR 应该分一份工资给你。你一直在操心 HR 的事情，却没有好好做自己的工作。"

我的一些来访者还会担心 HR 看不上他们的简历，因此不敢投简历找工作。我会对他们说："你其实不是觉得自己不行，而是觉得自己很行，至少比 HR 专业，因为你相信自己的判断比 HR 更准确。如果你想找一份工作，就应该去投简历。把简历投了，你的课题就已经完成了。判断你合格不合格，那是 HR 的课题。如果他觉得你资历不够，你也别太难过，毕竟这是他的工作。如果 HR 觉得你还不错，你别质疑对方的决定，哪怕你觉得自己很糟。"

家人间更需要课题分离

解决普通的人际关系交往难题可以遵循课题分离的原则，那家人之间呢？其实也可以遵循相似的原则。只不过，因为我们和家人之间的情感联系更加紧密，我们对家人的感受更加敏感，用课题分离的原则来处理会更加困难。

在咨询室里，我经常遇到的一个难题是父母和成年子女的情感纠缠。我曾遇到一对母女，因为爸爸出门在外做生意，很少回家，妈妈一直把女儿的成材当作唯一的人生目标。为了陪女儿读书，妈妈把房子卖了，在女儿高中学校附近租房子。后来女儿长大了，要出国读书，她就对女儿进行各种控制。比如，跟着女儿参加同学会；女儿回家稍晚一些，就打很多电话。女儿对此很抗拒，母女俩经常吵架。

我问这位妈妈："你为什么把女儿看得那么紧？"她说了一堆理由，比如，女儿自我管理能力不行，女儿心智还不够成熟……归根结底，她其实想说"女儿还小，还需要我"。我就问女儿："你还这么需要妈妈管吗？"女儿在旁边使劲摇头。看到女儿摇头，妈妈有些黯然神伤。

我对妈妈说："我看过一个电影，讲的是有个女人出生在一个非常封建的家庭里。她爱上了一个男人，但没能力突破家庭的束缚，最后嫁给了一个自己完全不爱的男人。结婚后，他们有了一个儿子，她就把所有注意力放到儿子身上。慢慢地，儿子长大要离家了。临走的时候，儿子问妈妈："妈妈，我走了，你会孤单吗？会寂寞吗？我走了，孤单的时候，谁来安慰你呢？"妈妈说："你走了，我会孤单，会寂寞，也找不到人安慰。可是我不要把我自己的困难，变成你不能出去的理由。'"

我对这位妈妈说："现在，你也面临这样的状况，你会怎么选择呢？"

她沉默了很久，说："我一直觉得，我已经把我最好的东西都给了女儿。现在我知道了，原来我自己变成了一个负担。我当然选择退一步了。"

她说这话的时候，有很多心酸。这些心酸，也是女儿不忍离开的理由。可就是两个人过于紧密的牵绊，让两个人都不快乐。

这是讲给父母听的故事，可如果我的来访者是成年子女，我就会讲另外的故事。

我有一个来访者，毕业的时候，他妈妈托关系在自己的单位给他找了一份工作。现在他已经工作两三年了，还和父母住一起。妈妈自然很照顾他，每天帮他做早饭，关心他的日常起居。如果他晚一点回家，妈妈都会打电话问他。其实他想换个城市工作，可是不知道该怎么面对妈妈的失望。

有一天他说："老师，我怎么就没有一个懂得放手的妈妈呢？"

我问他："是妈妈不让你走吗？"

他说："她倒是没说什么，可是我一看她的眼神，就知道她是不可能安安心心让我走的。"

我说："如果是这样，那你其实不是讨厌她照顾你，而是在要求一个更大的照顾。你要她放弃对你的关照，自己主动离开。可是，妈妈总是很爱子女的，这并不是什么错。离家是你的课题，不是你妈妈的课题。你应该自己去争取，而不是埋怨她没有主动让你离开。"

他想了一会儿说："是的，这是我自己的事。"

这两个对称的故事看起来矛盾，但说的都是同样的道理：怎么在情感的纠缠中，分清楚什么是我们自己的事情，并把我们自己的事情做好。课题分离是没有条件的。如果我们一定要别人先做什么，自己才能做什么，那就不是课题分离了。

还记得第二章介绍过的控制的两分法吗？控制我们能控制的事情，而不妄图控制我们不能控制的事情。课题分离，就是人际关系中的控制的两分法。因为归根结底，每个人都只能做好自己的事情。如果我们真的把自己的事情做好了，把别人的事情留给别人操心，我们也许就不会担心别人的评价。那些来自人际关系的烦恼和羁绊，就不会那么让我们困扰。

● 自我发展之问

你是否曾陷入这样的关系：别人的需要和你自己的需要之间存在冲突，你想拒绝，却担心别人不高兴，想接受却又不甘心。

试着用课题分离的原则来分析：在这个矛盾里，什么是你的事？什么是别人的事？

自我发展的三个阶段：
如何变得更成熟

自我中心阶段和他人阶段

　　处理复杂人际关系的原则，是能够分清什么是自己的事，什么是别人的事。可是分清之后呢？在处理人际关系的时候，我们怎么才能真正变得成熟起来呢？我们怎么才能摆脱人际关系的影响，变得自由呢？

　　自我在人际关系中的发展，通常会经历三个阶段，即自我中心阶段、他人阶段和独立阶段。只有进入独立阶段，我们在关系中才能实现自由。

　　第一个阶段，是自我中心阶段。在这个阶段，我们会自然地觉得世界和他人是围绕我们的需要来运转的，把自己的需要和愿望当作别人的需要和愿望，把自己关注的中心当作他人关注的中心。在这个阶段，每个人都觉得自己站在舞台的中央，别人只是观众。别人照顾我们、对我们好，是理所当然的。

可是慢慢地，我们就会发现，事情不是这样的。其他人也有自己的需要、期待和意见，他们并不总是关心我们，很多时候他们只关心自己。这个发现会让我们感到惊奇，也会让我们有挫折感。

慢慢地，我们就进入了第二个阶段——他人阶段。在这个阶段，我们逐渐意识到自我和他人之间的差异，并把这种差异理解为是一种冲突，进而想要解决这种差异。在这个阶段，有两个典型的标志。

标志一：让他人决定我们的行为

第一个标志，是把自己放到被动的位置，让他人来决定我们的行为。

这个阶段的人往往会有两种不同的态度。一种是顺从，即为了别人委屈自己。我们会生活在别人的目光和期待中，觉得别人的评价、赞许、关心、愤怒都是最重要的事情。我们会因为没法满足别人的愿望而深深地内疚和自责，却忽视了自己的需要和价值。

这背后潜藏着一种隐秘的交易期待：如果我特别听话，如果我顺从你，你就应该给我我需要的东西——安全感和爱。

可是有时候，这种期待只是一厢情愿。当它没能实现时，我们就会选择另一种态度——反抗。

很多青春期的孩子都有这样的反抗：父母、老师觉得孩子应该好好学习，孩子偏不学；父母、老师要孩子循规蹈矩，孩子偏不听话。孩子的这些反抗是把自己当作工具，通过自己来表达愤怒，就好像在抗议其他人违背了隐秘的契约。

可这种反抗只是另一种形式的顺从。因为它没有自己的价值标准，只能通过反抗别人来彰显自己与众不同。

无论顺从还是反抗，都是把我们自己放到一个被动的位置，并让他人来决定自我的行为。

很久以前，我去一所大学实习，担任新生班的班主任。班里有一个男生吊儿郎当的，不守纪律，成绩也不好。但是这样的男生常常能量巨大。在班级选举中，他让班里的男同学都选他当班长，还说了很多类似于"你不选我就不够义气"的话，给了同学很大的压力。结果很多人迫于压力真的选了他。我作为实习班主任考虑再三，最后推翻了这个选举结果。

那个男生非常生气，给我发了一条短信："陈老师，你知道吗，我原来打算到大学以后洗心革面好好做人的，所以才努力让大家选我当班长。现在你把我进步的路给堵死了，那我只好继续堕落。"

在收到短信的一瞬间，我有些内疚，觉得自己耽误了一个大好青年的前途。可我后来仔细一想，这种内疚是从哪里来的呢？是这个男生给我的。

这个男生有一个目标，他因为没实现目标感到生气，甚至愤怒，这一点我能够理解。但他表达生气的方式是说：我之所以维持这么糟糕的状态，都是你的错。

这种方式虽然能泄愤，却让他把自己放到一个让别人来决定人生的被动位置：我是想好的，可是你没有为我的好创造条件，所以我的糟糕状态应该由你来负责，这都是你的错。这并不是成熟和独立的表现，因为他没意识到，最终为结果买单的人还是他自己。

"我不好"有时候不仅是一种语言上的攻击，还会变成一种求帮助、求安慰的生活策略。

有个很资深的咨询师遇到一个来访者，这个来访者总是把事情搞砸。好好的工作，他故意犯了一个错误，结果被开除了；找了一个女朋友，他故意说了一些话，把她给气走了。每当发生这类事情的时候，他妈妈就会很着急，就去帮他想办法。这让他觉得内疚，觉得自己让妈妈担心了。

听了他的故事，咨询师就跟他说："你不让自己拥有一点点好东西，是因为你害怕自己哪怕拥有一点点好东西，就没有人愿意帮助你、照顾你。"

无论是用"我不好"来表达反抗，还是用"我不好"来博取同情，都是把自己放到一个被动的位置上。这背后的假设都是：我的人生应该由别人负责。

标志二：难以容忍差异

他人阶段的第二个标志是，我们很难容忍和别人的差异。

处于他人阶段的人，很难容忍自我和他人的差异。有时候我们会被别人影响，有时候我们很想去影响别人、改造别人，让他们跟我们一样。

越亲近的人，我们越难容忍他们跟我们不同。我猜这主要是因为，有时候我们需要通过确认自己和其他人一样，从而获得"我们是站在一起的"，甚至"我们是一体的"的感觉，来消除孤独感。有时候，我们会觉得这种差异威胁到自我，于是选择用否认、抹杀、攻击的方式来保卫自己。更多时候，我们是希望通过其他人为我们改变，来确认他们在乎我们、认同我们，进而确认我们在他人心里是重要的。

这很容易造成关系的纠缠，让自我在过于紧密的关系中失去发展的空间。

不能容忍差异，还会造成各种人际关系的冲突和烦恼。我在咨询室里经常遇到争吵的夫妻，他们因为不能容忍彼此的差异，关系变得特别紧张。

比如妻子会跟丈夫说："你看别人家孩子都在报奥数，如果我们家儿子不报奥数，他不会落后吗？"

丈夫跟妻子说："小小孩子就这么焦虑，长大了心理素质就不好，更没有长久的学习动力，这叫涸泽而渔。"

他们都觉得自己在坚持的是重要的事情，所以一点都不肯妥协，两个人因此吵得不可开交。

当然，夫妻之间的差异不是容忍就可以了，还需要达成一致，才能有进一步的行动。

成熟的夫妻会怎么办呢？妻子会说："我觉得应该报奥数！"丈夫会说："我觉得孩子应该多休息！"

两人会在一起商量，虽然还是会有争执，甚至吵架，但最后他们会以一种创造性的方式达成协议。比如丈夫可能会说："好，那就先试试看，万一孩子不爱学，就不学了。"妻子可能会说："那先买些书让他接触接触，万一他有兴趣就去报班。"

他们在观念上是有差异，可是在一个更高的层次上达成了某种一致：无论我们有什么样的矛盾，不要让这种矛盾影响我们的关系。因为有这种共识，他们反而更能够容忍彼此的矛盾和差异。

独立阶段

我们有了自我负责的能力和容忍差异的能力以后，就不会在人际关系中轻易掉入顺从或反抗的陷阱，而是会进入人际关系的第三个阶段——独立阶段。

在这个阶段，我们不仅能够在一定程度上分清楚什么是别人的课题，把自己和他人分开，还能够理解他人，同时尊重自己。

　　我有一个朋友，孔武有力，有八块腹肌，年轻的时候经常在街头跟人打架。后来慢慢"弃武从文"，变成写字楼里的高级白领。有一天我们在一起聊天，我问他什么时候觉得自己成熟了。他说："年轻的时候如果有街头混混来惹我，我是一定要跟他干一架的。可是现在有街头混混来惹我的话，我拍拍屁股就走了。"

　　为什么他会把逃避视为一种成熟？因为以前打架的时候，虽然英勇，但他行为的来源还是混混。可是现在不同了，他有了选择的权利。他既可以选择跟混混打架，也可以选择离开。这种选择的自由，就是成熟。

　　当时我跟他开玩笑说："你是变懦弱了，为自己的懦弱找借口。你的血性呢？这可真是人到中年的悲哀啊！"

　　他一点都不生气，只是笑笑说不值得而已。

　　这时候，我觉得他真的成熟了。混混的挑衅不能影响他，连我"懦弱"的评价也没法影响他。他有自己的行事原则，他知道怎么做对自己好。

　　罗曼·罗兰（Romain Rolland）说过："真正的英勇是认清现实以后还能热爱现实。"这句话也适用于人际关系的准则。当我们内心的信念，而不是他人的态度变成我们行为的主导时，我们就获得了一种主动的、对自己负责的姿态。这时候，我们就开始成熟起来了。孔子说："君子求诸己，小人求诸人。"意思就是君子遵循内心的规则行事，说的就是这个道理。

● 自我发展之问

你是否陷入过这种情境：为了反抗他人的要求，或者表达对他人的不满而作出行动，却忘了自己真正想要的是什么？

在这种情境下，反抗是否是摆脱这种限制的唯一方式？你真正想要的东西又是什么？你如何才能得到它？

新关系:
关系是如何进化的

独立意味着孤独

我看过一个关于生命的纪录片，片子里说所有生命在很久很久以前，都是从同一个细胞演化来的。细胞不断分化、分离，变成各种动物、植物、微生物，地球才有了丰富多彩的生命圈。

在某种意义上，人也在不断经历这样的分化和分离。从生理上看，这种分离从我们自娘胎出来，呱呱坠地开始，就已经完成了。可是关系上的分离，就不那么容易了。无论在家庭、组织还是其他集体中，如果我们总是对他人抱有天真的幻想，总是惦记着他人的目光，总是让别人的情绪影响自己的情绪，总是因为内疚不能维护自己的边界，或者利用内疚去控制别人，那我们并没有和他人分离，我们和他人还是一体的。

只有当我们慢慢地走过自我阶段、他人阶段，到达独立阶段，我们才能在人际关系中变得游刃有余。这时候，别人再也没法限制我们，除非我们想要接受限制。我们变得自由了，同时不会去侵犯别人的自由。我们在关系中所做的事，更发乎本心。

可是，独立并不是容易的事。在一定程度上，它也意味着孤独。

一个独立的人，是在心理上真正断乳的人。当他遇到麻烦或心情不好时，他不再对亲人、朋友、同事怀有"理所当然"的期待。他可以求助，这是他自己的课题。同时他知道，别人帮不帮他，是别人的课题。从独立的那天开始，他就失去了抱怨的理由和资格。当然，他也不需要对别人的情绪怀有什么理所当然的责任，因为这是别人的课题。去掉了人与人之间习以为常的用控制和期待来维持联系的方式，一个独立的人怎么能不孤独呢？

孤独，也许正是人生的某种真相。毕竟，在这个世界上，没有人能够完全理解另一个人，也没有人能完全为另一个人的生活负责。我们总说，这是"我的"家人、"我的"恋人、"我的"孩子、"我"最好的朋友，好像我们拥有某个人一样。**拥有是人际关系中最大的幻觉，没有人能够拥有另一个人，我们只是在各自的旅程相遇，彼此同行。**这种相遇有长有短，最终我们还是会分开，各走各的路。

但正是因为别人没有必要一定对我们好，才有了感恩的理由。正是因为我们不知道对方会不会欺骗我们，才会有信任。正是因为我们能够离开，坚守才显得可贵。**自由是美德的前提，所有人**

际关系中美好的东西，只有出于自愿的选择，才会变成一种美德。否则，它们就会变成一种"不得不"的被迫，关系里的两个人则会充满怨念地相互纠缠。

独立不会加剧人与人的隔离

那么，独立跟我们在关系上的亲近矛盾吗？未必。独立之后，大部分人还是会投入和他人的关系中，只是这是自己主动选择的。

曾经有一个爸爸在听了我的讲座后问我："如果说爸爸的事是爸爸的事，儿子的事是儿子的事，我儿子有困难的话，我是不是就不用帮他了？这是不是太自私了？"那时，他的儿子刚结束高考，正在纠结去哪里读大学、学什么专业。

我说："不是。如果你觉得帮儿子仅仅是出于爸爸的义务，是被迫的，那你就可以不去帮他，毕竟那是他自己的事。可是很多时候，就算没有爸爸这个身份和义务，我们仍然愿意去帮儿子。这时候，这就是我们自己的事情，是我们想帮他。这样，你给了自己自由，也给了儿子自由。"

独立不会加剧人与人之间的隔离。这是因为，一个人信奉独立和自由，同时也相信人性的善。如果你认定人的本心是自私自利、冷酷无情的，那人的独立和自由自然会加剧人与人之间的隔绝。可是如果你相信，即使没有被胁迫，没有"必须"和"应该"，人仍然愿意对他人表现出善意，那独立和分离只会让人与人之间的相互支持和帮助回归自发自愿的本心。我们这么做的时候，不再是因为害怕别人失望，也不是为了别人的感激或回报，只是出于对另一个人本能的爱和同情——尽管我们知道，自己不必这么做。

分离不是人际关系的终点

在前文，我举了很多成年子女和父母分离的例子。也许你会有一个疑问：我是不是一定要和自己的原生家庭分离？

如果从家庭发展的理论看，孩子长大离家是自我发展的基本规律。可我想强调的重点，是自发自愿。

曾经有一个大学毕业不久的男生听了课题分离的理论后跟我说，他的父母很想让他回老家。他知道父母的困难是他们的事情，但他还是选择回家乡的小城市照顾父母，因为他觉得这就是他想做的事。我说："好的，祝福你。"

家庭治疗师莫妮卡·麦戈德里（Monica McGoldrick）曾经写过一本书，叫 *You Can Go Home Again*（《你可以再次回家》）。这本书写的是，只有离开过家庭的人才能选择回家。同样，只有在关系中独立了，我们才能以成熟的姿态真正自主地投入一段关系。

分离从来不是人际关系的终点，自发自愿的选择才是。

很多年以前，我看过一个节目，介绍了东北的一对母子。母亲已经80多岁了，儿子60多岁，退休在家。母亲住在城市的公寓里，每天都很无聊。儿子就改装了一辆三轮车，装上行李家当，带着母亲周游全国。老太太年纪实在太大了，神志都有些不清楚，居然在节目现场睡着了，打起呼噜来。当她醒来，说起旅程上的趣事时，虽然说得不清楚，却笑逐颜开。主持人问她："你怎么看儿子骑三轮车陪你周游全国呢？"

主持人是想让老太太说些感激儿子的话，可是老太太脖子一梗，很不客气地说："这有什么，这不都是一代顶一代的吗？"

儿子陪着她在那儿嘿嘿笑。儿子在节目里说："我们就准备这样一直走在路上了，万一哪天我娘没了，我觉得她也算去得安心。"

这个节目是十几年前的，也许这位老太太已经过世了，可我一直记着母子两人单纯的笑。这个笑里，有最朴素、最深情的关系在。

没有什么关系是绝对的，只要别让自己过得那么苦就好，更不要明明是自己让自己过得那么苦，还要去怨别人。

关系让我们迷失，也让我们找回自己

最后，我想用一个故事来结束关于人际关系的这一章。

有个挺有名的画家从小就教儿子画画，希望他能子承父业。他对儿子很严格，儿子的童年都泡在画画里，还经受了很多批评和指责。高中的时候，儿子开始叛逆，不想画画了，可画家还是逼着他报考了一所艺术院校。结果，儿子4年都没再拿画笔，辍学做生意去了。画家各种威逼利诱，儿子就是不听。父子之间发生过很多矛盾和争吵，但都没有结果。最后画家只好遗憾地放弃了。

过了几年，画家病重去世了，临走前对儿子说："是爸爸不对，爸爸不该逼你做自己不想做的事情，你就原谅爸爸吧，去做你自己想做的事情。"

画家去世后，儿子去了另一个城市，重新拿起画笔。在40多岁的时候，成了一个小有名气的画家。

关系就是这么神奇，它让我们迷失，也让我们重新找回自己。也许只有放下对关系的纠缠，我们才知道自己真正想要的是什么。

● 自我发展之问

回想一段对你重要的关系。在哪些时候，你觉得自己和对方的相处是出于自发自愿的选择？在哪些时候，你觉得是因为身份、责任、义务而"不得不"这样做？

如果你可以抛开身份、责任、义务，自由地作出选择，你会选择什么样的相处方式？为什么？

第四章 CHAPTER FOUR

走出人生的瓶颈

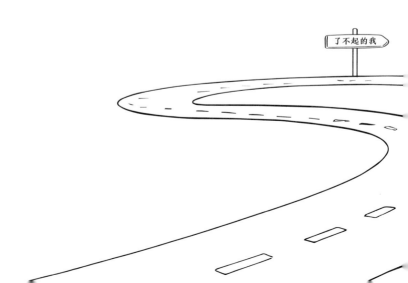

了不起的我

人从来不是静止的，总是在不停地发展和变化。如果说关系的视角让我们把自我跟他人相连，那变化的视角就会让我们把现在跟过去、未来相连。

　　我会把人放到变化的进程中，从变化的视角帮你重新理解自我和自我的发展。理解人是如何抗拒变化的，又是如何艰难地适应变化，并从这些变化中发展出崭新的自我，成就了不起的自我。

转折期：
逆境也是新机会

转折期是自我发展的重要部分

　　我在上一章提到，每个人都不是独立的。只有把自我放到关系中，我们才能更好地认识自我和自我发展。而这一章，我要介绍的是，每个人都不是静止的。只有把自我放到改变的历程中，我们才能更好地认识自我和自我发展。

　　在本章开始之前，我想先问一个问题：你还记不记得自己上一次人生的重要转变，发生在什么时候？

　　那时候你是刚走出校园，到一个陌生的公司上班，还是放弃了别人觉得不错的工作，开始了新的职业探索？你是结束了单身，开始经营自己的婚姻和家庭，还是离开了相爱已久的恋人，重新开始一个人的生活？你是找到了一个让你激动的梦想，还是放弃了奋斗已久的理想？

你还记不记得，你是怎么经历了这些转变，才变成今天的自己的？

记忆总是轻易地把过去整理成一条平顺的、符合逻辑的曲线，让我们误以为自我的转变是一个连续的、缓慢的、渐进的过程——其实并不是。在现实生活中，自我发展常常需要经历很多跨越式的转变，这个过程伴随着剧烈的变动和强烈的不安。就好像在某些时刻，你忽然发现自己已经越过了生命中一条神秘的红线，到了某个从未去过的新领域。熟悉的旧生活已经过去，想要的新生活还没到来，你被留在新旧交替的关口，茫然无措。这就是"转折期"。

为什么一本关于自我发展的书，要写到人生重要的转折期呢？当然是因为它很重要。

一个人经历了什么样的转折期，他又是如何度过这些转折期的，很大程度上决定了他是什么样的人。如果有一个人，一生都发展平顺，从未经历过挣扎和难事，那这种平顺本身会变成另一种形式的挫折，把他变成一个特别平面和肤浅的人。每一个转折期，都在更新我们对世界和自我的认识，都在考验我们的意志和精神，都在给我们的自我增添新的内容。如果没有这些，自我就会变得寡淡无味。

自我的发展需要一些特别的张力，才能帮我们跨过某些阶段。而转折期就能提供这样的张力。所以，人需要转折期。而怎么经历和度过转折期，也是自我形成和发展的重要组成部分。

转折期的意义

转折期对自我发展有两个意义。第一个是会更新我们对自我的理解。

在日常生活中，我们习惯用各种固定的个性标签来形容自己，比如敏感、内向、自卑等，这是一种静止的视角。而发展的视角，就是意识到人是会变化的。在转变的不同阶段，人的心理状态并不一样。在某些重要的转折期，心理的变化会格外剧烈。所以，消极的心理状态很可能是变化的特性，而不是自我的特性。

举个例子。经常有朋友跟我说，他被医院诊断为抑郁症，这给他带来很大的心理压力。抑郁症带来的困扰，除了情绪问题本身，还有"抑郁症"这个标签包含的沉重含义：我病了，从此我不是一个正常人了。这是一种静止的视角。如果用发展的视角看会怎么样呢？当我看到一个人抑郁的时候，我会想，这个人一定在经历人生的某些重要转变，才会心情低落。如果他的抑郁很严重，那我就会想，也许是这个转变的过程特别重要，对他来说特别艰难。如果他的抑郁情绪持续了很长时间，那也许是他在这个转变过程中被卡在某个地方了，让转变没法顺利完成。这就是发展的视角：不是人有问题，而是转变的过程出了问题。比如，人被卡住了，才有了抑郁的情绪。

这样的视角会带来很多好处。心理学大师米纽庆曾讲过这样一个案例。

有一位年近七旬的老太太，在一个公寓里住了25年。有一天，她发现家里失窃了，就找了一家搬家公司搬家。可是搬完家后，她总觉得那些搬东西的工人试图监控她。他们故意把贵重的东西放错地方、弄丢，还在她的新家具上留下邪恶的标记——密码（其实那是搬家公司给家具做的标记）。当她外出时，搬家工人就会跟踪她，并且相互发暗号。

她去医院看了精神科，医生当然觉得她精神有问题，出现了妄想，于是给她配了些药。但她不想吃那些药，觉得医生故意用药来害她。于是，她找到一个心理咨询师。这个咨询师没提精神问题的事，只是跟她解释说："你现在处于一个特殊的时期，你失去了原先的壳——你以前的家、熟悉的物件、熟悉的街区和邻居。现在，你就像脱壳的甲壳类动物一样很容易受伤。只有长出新壳来，才会好转。"

咨询师跟她讨论，怎么缩短长出新壳要花费的时间，比如，把新房子装饰得跟原来的公寓相似，让她的生活变得更规律些。咨询师还说，她不应该期望两个星期内就能在新的地方交到朋友，这不符合新壳的生长周期。她应该去拜访老朋友。但为了不给朋友和家人造成负担，她最好不要叙述疑神疑鬼的经历。如果有人打听，就说那些只是糊涂且容易害怕的老年人的问题。

精神科医生作出诊断自然有他的依据，有些情况下，精神分裂症确实需要吃药。可是，在这个老太太的案例中，心理咨询师用新壳的比喻把老太太的情绪放到了自我发展的进程中。一个孤独的老太太需要的不是一个类似"妄想"的标签，而是希望和出路。而换壳这个比喻，帮助她找到了出路。这就是用发展的眼光看自我的好处。

这个换壳比喻的作用，正是转折期的第二个意义——更新我们对自我发展的理解。

在咨询中，我常会这样对来访者说："人就像某些动物一样，长大到一定程度后，需要把原有的壳脱掉。这个脱壳的过程是很痛苦的，但必不可少。因为旧壳限制了动物。如果它们一直背着旧壳，就没办法继续生长。你可以把这个旧壳理解为是旧的工作、旧的关系、旧的习惯。自我的发展也需要经历很多次脱壳，这同样会给我们带来痛苦和迷茫。但这不是自我的问题，恰恰是自我发展需要经历的道路。"

用经验的视角看，自我发展是通过新行为创造新经验的过程；用思维进化的视角看，自我发展是通过接触现实创造新思维的过程；用关系的视角看，自我发展是通过分清"你的"和"我的"，来构建新关系的过程。

而用变化的视角看，自我发展是通过自我的打碎和重构，从旧阶段过渡到新阶段的过程。这个阶段的变化，常常孕育着新经验、新思维、新关系的产生，它是转变的综合，常常伴随着更剧烈的情绪波动，会持续更长的时间。它不是一种发展的量变，而是一种发展的质变。

蝌蚪会慢慢长大，这是一种量变。可是有一天，蝌蚪脱去了尾巴，变成了青蛙，这就是一种质变了。虽然青蛙是从蝌蚪发展过来的，但青蛙不是长大了的蝌蚪。同样，也许你在工作中每天都在接触新的东西，偶尔会想去创业是不是更好；或者你在关系中会跟爱人闹闹情绪，有时候会怀疑彼此是否合适。可当你真正决定辞职创业或者分手的时候，感受还是会很不一样，之后的经历更是不同。生活的转折期，就是这样一种质变。

有人说，从旧阶段向新阶段过渡的过程，很像死亡和重生。自我中那些受限制的、老朽的部分在转变中慢慢死去，但是新的自我在这种变动中生长起来了。自我就是这样，在一个个转变的过程中不断成长更新，逐渐变得丰富起来。

但是，转变并不一定带来世俗意义上更好的生活。有些人会这样安慰朋友：失恋了，你会找到更好的伴侣；离职了，你会找到更好的事业。如果一个人运气好，这种事也许经常发生。但是从这个角度来理解转变，就太功利了。**转变的本质，不是外在的新旧更替，而是内在自我的重构。**如果我们顺利地度过了这个阶段，完成了自我的重构，我们心里会生出一些深沉的智慧，我们会对自己有更多了解，会理顺和自己的关系，会变得更加坚定而无所畏惧。

据说在原始部落里存在着一些神秘仪式，用来帮助人们度过转变的过程。其中有一个仪式是这样的。

在晚上，原始部落的村民们聚在篝火旁，围着一个将要成年的青年唱歌跳舞。部族的长老会为青年唱部落的圣歌，用镰刀在青年脸上留下两道伤疤，这两道伤疤象征着生活的残酷。然后，这个青年就要离开部落，去森林里流浪。他没有身份、没有家人、没有部落，有的只是他自己，独自面对存在本身。

两个月后，他会以新的身份重新回到村庄，脸上的刀疤会变成成人的标记。当他回来的时候，他已经不是那个少年了。作为象征，他的父母会将他从小到大睡过的席子扔到火里烧掉。最开始的一段时间，他不会去认自己的父母，记不得原来熟悉的事情，少年的时光已经变成遥远的记忆。接着，父母会给他取一个新名字。部族的长老会带着他完成这样的转变，直到他习惯自己完全变成一个新的生命。

我们的生活里虽然没有这样的仪式，可是我们都在经历这样的转变：脱离部落，去荒野寻找自我，最后以一个新的身份回来。

● 自我发展之问

你上一次的重要转变发生在什么时候？当时发生了什么？你是怎么度过的？它对你现在的影响是什么？

结束：
如何脱离旧自我

转变从结束开始

转折期的心理历程有特殊的规律。美国作家威廉·布瑞奇（William Bridges）在《转变之书》中写道，转变要经历三个阶段：结束——迷茫——重生。他认为转变总是从结束开始的，结束之后紧跟着一段时间的迷茫和痛苦，在经历了迷茫和痛苦之后，慢慢才会有新的开始，也就是重生。

为什么转变是从结束开始的？为什么我们不能在人生中不断做加法，而偏要先做减法呢？以前我并不理解这个问题，直到我自己经历了很多转变，从一个体制内的大学老师，变成了一个自由执业的心理咨询师，我才慢慢理解：这是因为自我的发展是需要空间的。就像装修一间房子，需要先把旧家具搬出去，才能把新家具搬进来。同样，我们只有先结束、先放弃，才能为新的发

展腾出空间。

可这正是转变最难的地方——谁会愿意轻易结束呢？毕竟，我们对结束有很多根深蒂固的误解。

第一种误解是，很容易把结束当作一种终结的形式，一种事物发展的最终结果。从开始到结束，然后什么都没有了。可是在转变的历程中，结束不仅不是最终的结果，相反，它是另一种形式的开始。

第二种误解是，容易把结束当作一种应该排除的意外，觉得那不是事物正常发展的轨道。事实上，结束不是旁支和意外，它就包含在自我发展的历程中，是每个人都要经历的事情。

第三种误解是，容易把结束等同于错误。我有个朋友，和老婆之间遇到了一些麻烦。他就觉得自己当初选错了人，问我是不是应该改正这个错误，跟老婆离婚，重新开始。我告诉他，结束并不是改正错误。无论当时他是怎么选择的，都一定有自己的理由，这不是什么错误。只不过随着事情的发展，原来正确的事可能慢慢变得不正确了，结束就提上了日程。

其实，结束有很多含义，离婚只是结束的一种形式。放下心里对理想爱人的幻想，改变彼此伤害的相处模式，同样是结束，而且不比离婚容易。结束并不是修正错误，而是我们顺应变化的一种形式。结束是以往一段生活的终结，但不是生活本身的终结，它只是我们顺应变化的过程和必经之路。

结束中最重要的事是脱离

结束到底是怎么发生的呢？其中最重要的事情，就是脱离。就像一个孩子从母体脱离，坚硬的外壳从蛇身上脱离，结束始于脱离。结束带来的脱离有三个含义：环境的脱离、身份的脱离和目标的脱离。

1. 环境的脱离

结束的时候，我们常常会离开熟悉的环境和关系。

我们的言行举止是由我们所在的关系和环境决定的，关系和环境规定了什么是正确的，什么是错误的。所以，当转变发生的时候，我们要先脱离原先的关系和环境，重新思考自己。

我有一个朋友，前几年从一家中央媒体机关离职，去经营自己的公众号。知道他要离职的消息后，周围的同事都用一种奇怪的眼光看他。熟悉的同事会劝他，这个单位稳定，每年有那么多大学生想进都进不来，不要冲动行事。不熟悉的同事会似笑非笑地用奇怪的语调说："哇，这么有魄力啊！"

他去办离职手续时，办手续的大妈抬起头问："小伙子，你确定要离职吗？"

他说："我确定啊！"

大妈说："你可要想清楚，你这个岗位的进人指标，可是要部委领导才能批的。"

　　周围人的这些反应让他有些忐忑，觉得自己作了个错误的选择。可是，当他真的离职了，到了新媒体的环境，接触到新的人群，他马上觉得那些死守着没落的传统媒体的同事才是真正的异类。

　　转变会让人产生新的觉悟，可是新的觉悟很难一开始就有。我们也许很容易知道什么是错的，但很难马上知道什么是对的。如果在一个环境或者一段关系中，你经常感到疲惫、沮丧，甚至绝望，让你不敢想自己的未来，那也许就是需要转变的信号。如果你还在原来的环境和关系里，很可能所有人都会告诉你，脱离环境是一个错得离谱的决定。可是，如果不能从原有的环境和关系中脱离，我们就很难发现新的路。就像前文提到的转变仪式，青年需要脱离家庭和部落，在孤独的流浪中思考自己是谁。我们的结束，经常也是从离开熟悉的环境或者离开熟悉的关系开始的。

　　2. 身份的脱离

　　当我们脱离了原有的环境和关系时，我们其实也脱离了这个环境和关系附带的角色和身份，这会给自我带来新的困惑。**身份是什么？它是我们看待自己的方式，也是别人看待我们的方式，是关于"我是谁"这个问题上，我们和他人达成的共识。**原来，这个身份的定义是稳固的，它既限制了我们，也给了我们足够的安全感。它是自我的壳。现在，这个壳被打破了，我们就会困惑自己到底是谁。

　　我原来在浙大工作的时候，并没有觉得"浙大老师"这个头衔有多荣耀。可是在离职的过渡期，有一次我应邀去一家企业做讲座，在做PPT首页的时候，我犹豫了一下，还是把浙大老师的头衔加上了。当我真正从浙大离职后，我发现，有一段时间，我变得很心虚。

有一天，我接到一个电话。电话那头的人说："陈老师，我们的孩子在大学里遇到了一些情绪问题，我听朋友介绍，想去你那儿咨询。"

我一直以为是浙大老师的身份吸引了来访者，让不少人来找我咨询。所以，接到这个电话后，我的本能反应居然不是问她的孩子出了什么问题，而是问她："你知道我从学校里辞职了吗？"

"知道的，"她笑了下，说，"我们信任你。"

至今我都很感谢那个妈妈。她信任我，不是因为我在哪里工作，而是因为我这个人。这让我重新去思考自己，思考什么是身份带给我的，什么是剥离了特定的身份之后我仍然有的自我的内核。这些自我的内核，也许更接近自我的本质。

当我们脱离原有的关系和情境时，对身份产生困惑是很普遍的现象。结束时，脱离的身份越是接近自我定义的核心身份，转变带来的痛苦就越强烈。比如，一个人结婚后，他（她）就会把自己定义为丈夫或者妻子，并以丈夫或妻子的身份来组织自己的生活。一旦离婚了，他（她）就会很痛苦。因为对很多人来说，妻子或丈夫是一种很核心的身份。脱离这种身份，常常会伴随强烈的焦虑和羞耻感。无论我们再怎么为自己辩解，别人再怎么安慰我们，我们心里都会有一个小小的疑问：是不是我做得不够好？失去了这个身份，是不是意味着我失败了？

这样的疑问，不仅跟身份脱离有关，也跟目标的脱离有关。

3. 目标的脱离

人是根据目标来组织生活的。目标有我们过去的投入，也有我们对未来的期待。可以说，目标界定了什么重要、什么不重要，什么该做、什么不该做，也界定了什么是成功、什么是失败。当我们选择结束的时候，常常意味着，我们同时放弃了曾经坚持的目标。我们常常会有这样的疑问：都已经坚持这么长时间了，为什么不能再坚持一下呢？如果真的不能坚持，我们又常常会觉得，那是一种失败。

可是换个角度思考，目标在组织我们生活的同时，也会让我们的思维变得狭窄，让我们只看到和目标相关的部分，甚至让我们没法思考目标本身是不是值得的。在城市的写字楼里，有很多忙碌而不快乐的人，有很多生活和工作失去平衡的人，他们当中有很多人也在坚持一个自以为重要的目标。在他们眼里，升职加薪、获得老板的赏识就是最重要的事情。他们经常鼓励自己的话就是熬一熬就好了，升职了就好了，期权到手就好了，公司上市就好了。在这样的目标体系里，不快乐的现在就成了未来的牺牲品。**有一些坚持是好的，可是有一些坚持只不过是"我不愿改变"的另一种说法。**

脱离目标后，人往往会非常失落。这也是人们总是牢牢抓着一个目标不放的原因。如果以目标为标准来思考，脱离目标也许意味着失败。可是，我们获得了一个机会，去重新思考生活中什么是重要的，什么其实没那么重要，我们可以重新寻找一个更有价值、让我们更快乐的目标。这对自我发展而言至关重要。

不想结束、不想顺应变化，是一种很普遍的心理舒适区。就算我们知道一件事真的要结束了，还是会想方设法延迟结束。我们会停留在一份已经不适合自己的工作中，就因为这份工作曾经很适合我们；我们会停留在一段不断给自己带来伤害的关系中，就因为这段关系曾经很甜蜜；我们无法学习用新的应对方式来处理新的事物，就因为旧的应对方式曾经很有效。一句话，我们没法结束，因为怕疼。而有时候，害怕结束，会让事情变得更加不可收拾，我们会失去一些发展自我的机会。

● 自我发展之问

你是否经历过或正在经历艰难的结束？在这段结束里，最让你割舍不下的东西是什么？

迷茫：
如何孕育新自我

迷茫源于意义感的缺失

我听很多人说过，在真正结束的那一刻，他们感觉到的不是焦虑，而是解脱，因为他们知道自己已经从某个令人困扰的问题中解脱出来了。可结束不是答案，相反，它会给我们提更多的问题。结束之后，迷茫就来了。我听得到App的创始人罗振宇老师讲过，他从央视离职以后，有很长一段时间惶惶不可终日。大部分结束，都伴随着这样一段空虚和迷茫的时期。很多时候，我们害怕结束，不仅是害怕结束带来的损失，还害怕结束之后，那一段空虚和迷茫的时期。

意义感有两个重要来源。一个是目标感，人是通过有价值的目标把自己的现在和未来连起来的。如果没有目标，工作和生活都会变成一种凑合的状态，这时候，人就会变得空虚、缺少力量。

另一个是人际关系。事实上，人的意义感是在关系中编织出来的。如果我们在生活中很孤独，缺少亲密关系，不知道谁真的在乎我们，我们又真的在乎谁，我们同样会觉得空虚和无聊。

结束的后面会紧跟着一段迷茫的时期，是因为当我们跟原来的关系、原先的身份、原来的目标脱离的时候，我们就暂时失去了产生意义感的土壤。旧的生活已经过去了，而新的生活还没有到来。我们被留在意义感的真空里，不知道自己身在何处，会去往哪里。

迷茫中的三种典型心理

这种迷茫有什么作用呢？我觉得，它像一个特别的容器，只不过这个容器装的不是空间，而是一个特定的人生阶段。在这个容器里，我们需要整理过去，孕育未来。一个人在经历结束以后，很难马上就重新开始，完成重要的转变。可空虚和迷茫毕竟是很难忍受的，人们会产生这样三种典型的心理反应。

1. 试图回到过去

这种回到过去不是行动上的，而是心理上的。我们会以各种方式跟过去建立联系。

其中一种常见的形式，就是拿现在的生活和过去的作比较。我有一个朋友，毕业以后留在美国的一家投行工作。收入不错，她还给自己租了一套很漂亮的房子。房租不贵，里面的东西都很新，还带个大阳台，阳台上种了很多花。周末休息的时候，她就在阳台上晒太阳。

可是新政一下子让原本不是问题的工作签证变成了问题。很不幸，她没抽到工作签证，不得不在一年之后回国。回国以后，她发现要在北京找到理想的工作不容易，而且国内公司给的工资比原来差了一大截。那段时间，她在北京西二旗一个老小区租了房子。房子很小，已经有30年房龄，还没有电梯。屋子里墙上的石灰都脱落了，厕所和厨房的水池都是黄黄的。她经常盯着斑斑驳驳的墙面想：为什么我几个月前还住在一个漂亮的房子里，现在只能住这种房子？想着想着，她就会很恍惚，觉得人生就像一场梦。

这是一种很失落的体验。结束通常意味着损失，而损失常常会带来巨大的痛苦。迷茫期需要我们去消化和适应这种损失和痛苦。

如果痛苦进一步加剧，我们不仅会把现在跟过去作比较，还会有一种想回到过去的反应，那就是后悔。

很多身处迷茫期的人，会不停问自己：为什么别人的生活能这么安稳，我的生活却要这么折腾？我是不是做错了什么，是不是我自己有问题，才会经历这些？

产生这种想法，不是因为我们的心理素质差，而是大脑应对结束和迷茫的方式如此。大脑会本能地抗拒变化，用提醒损失的方式，让我们尽快回到原先的意义之网上，哪怕我们心里知道，原先的意义已经不再适用于自己了。

我看过一篇文章，说弘一法师刚出家的时候，发现寺庙生活不像自己想象的那样，跟朋友表达过犹豫。是朋友的劝说，加上自己的坚持，才让他慢慢把心安下来，逐渐走上了精进佛法的道路，成为一代名僧。连弘一法师这样的高僧大德都会有这种心理，更何况我们这些凡夫俗子。

迷茫期是痛苦的。所以我们会逃离迷茫，回到过去。可是，当我们发现自己已经回不去的时候，我们就会有第二种反应。

2. 想要尽快结束迷茫，到达未来

经常有朋友这样问我："我刚离职，现在觉得情绪低迷，没有目标。我怎么才能尽快找回积极的心态，重新开始新生活？"

显然，他们并不适应这段迷茫的时期，这让他们觉得慌张。如果不能尽快找到目标，他们就会不停地责怪自己。

更进一步，他们会尽快选择一个开始。比如，马上找一份自己并不喜欢的工作，或者在分手以后马上陷入另一段恋爱，来逃避虚无和迷茫。他们会不停地暗示自己：我已经好了，我已经好了。只是偶尔冒出来的空虚会让他们知道，因为要躲避这种迷茫期，他们的转变在中途就终止了。他们只是换了种形式，让自己想摆脱的过去延续下去。

有时候，我会跟这些朋友说："也许在转变的这个阶段，我们就是需要低落和迷茫。**转变有它自己的节奏，就像没法略过冬天去经历春天一样，如果你急着让自己更积极、更充满自信，反而**

会打破转变的节奏。这段时间，也许你可以允许自己难过，允许自己无所事事。你要耐心等待，看看会不会有什么新变化发生。"

既然回到过去和走向未来都既无必要，也无可能，那待在迷茫中会怎么样呢？这时候，人们就会有第三种典型的心理反应。

3. 敏感

这种敏感不是我们常说的性格上的敏感，或者对人际关系的敏感，而是对美、对超越日常的精神生活、对灵性的敏感。

曾有个读者写信告诉我，她以前是一个很理性的人，平时只读经济、投资这类"有用"的书。可是在迷茫期里，她能够静下心来看以前根本看不下去的文学作品了。她说："在我自我怀疑、自我否定、远离人群的时候，看到有人把这种痛苦、挣扎，还有可能的救赎诉诸文字的时候，我就觉得自己一点都不孤单了。"她在这些伟大的文学作品里窥探到了新的意义。

我认识的另一个读者，因为最终发现自己并不喜欢所学的专业，在博士二年级的时候从一所很著名的高校退学了。他回家休养了一段时间，每天早早起来，一边跑步，一边听 Beyond 的歌。原先他并不是一个多愁善感的人，可是在那段时间，听到 Beyond 在《海阔天空》里唱"多少次迎着冷眼与嘲笑，从没有放弃过心中的理想"这样的歌词，他经常会泪流满面。

这种敏感并不是简单的矫情或者抑郁。我猜，当人们从原有的意义感中脱离出来以后，在新旧交替的阶段，他们获得了一种空间，跟一个更深更广的精神领域建立起了联系，能从更本质的视角来审视生活。也许人们在这个阶段体会到的东西，就是佛教中的无常，带着一些通透和悲悯。

迷茫期，看起来什么都没有发生，却是十分重要的一段时期。旧的意义在被慢慢清理掉，新的意义正慢慢长出来。**就像萧索的冬天在积蓄春天的力量，迷茫期也在积蓄重生的力量。有无相生，如果说迷茫期是"无"的话，"无"里面有一种张力，蕴蓄着"有"。** 作为一个特殊的容器，这段迷茫期里有过去自我的结束，也有未来自我诞生的种子。

也许你会觉得，这段关于迷茫期的描写有点模糊。没关系，迷茫期本来就不是那么清晰的。如果读这本书的你正身处迷茫期，或者曾经身处迷茫期，那你自然会懂。

莱内·里尔克（Rainer Rilke）在《给一个青年诗人的十封信》里写过一段话，这也是那位在迷茫期开始读文学作品的读者推荐给我的。里尔克说：

> 病就是一种方法，有机体得以从生疏的事物中解放出来；所以我们只需让它生病，使它有整个的病发作，因为这才是进步。亲爱的卡普斯先生，现在你自身内有这么多事情发生，你要像一个病人似的忍耐，又要像一个康复者似的自信；你也许同时是这两个人。并且你还须是看护自己的医生。但是在病中，常常有许多天，医生除了等候以外，什么事也不能做。这就是（当你是你的医生的时候）现在首先必须做的事。

里尔克这段话的意思是，病是有机体让自己康复的方式，就像迷茫是让我们重新变得清晰的方式。假如我们要为转变期的迷茫寻找一种意义，这就是它的意义。

● 自我发展之问

你曾经历或正经历怎么样的迷茫期？比如，从一家公司辞职，失去一个恋人或朋友，生了一场重病等。

你有没有过想要回到过去或者尽快到达未来的想法？你是通过什么方式，让自己安驻和度过那段时期的？

重生：
如何重建全新的自我

转折后的重生

如果你经历过大病初愈，一定有过这样的感受：身体虽然还有些虚弱，但同时又是元气十足的。一些迹象表明你已经是一个新的人了，你终于可以带着全新的身体重新出发了。转折期的重生，就是这种感觉。

前段时间，我重温了褚时健的传记，他是这个时代典型的关于重生的例子。72岁的褚时健，从声名赫赫的企业家、亚洲烟王，忽然沦为阶下囚。心爱的大女儿，在他被监狱收押期间自杀。那时候他在狱中一身病，经常因为糖尿病晕倒。他身边的人——也许连他自己——都以为，他这辈子就这样结束了。

坐了3年牢以后，75岁的褚时健因为严重的糖尿病被保外就医。该怎么度过剩下的时光呢？有人请他去矿业公司当顾问，他回绝了。其他的卷烟厂请他重新出山，他也拒绝了。他不想回到原先的行业里去。可一开始他并不知道要做什么，所以做了各种尝试，甚至还尝试了街头卖米线的生意。直到他回到自己年轻时起步的哀牢山，才灵光一现，确定自己要种橙子。他花了很长时间修建灌溉系统，育种，栽树。

我觉得，他选择农业并不是偶然的。在失落的时候，人总是想亲近自然。而种植本身，就有重生的象征意义在。森林里的植物，总是要经历岁月枯荣，才能逐渐成熟。相比于人心的不可测，种植遵循的"一分耕耘一分收获"的道理，总能给那些愿意付出的人，带来踏实的回报。对于经历过挫折的人来说，还有什么比播下种子、收获果实更有希望和重生的意味呢？

当时，王石去哀牢山看他，他充满信心地指着一片小树苗说："5年以后，这些果树就能结果了。"他好像一点不在乎，5年以后他已经是80多岁的高龄了。

后来的故事是，在他84岁的时候，褚橙开始在全国热销。他从当年的烟草大王，一跃成为今天的橙子大王。

也许很多人会惊叹，这样的重生究竟是怎么完成的？心理学里有一个概念叫"心理弹性"，指的是我们从灾难和挫折中复原的能力。在我看来，心理弹性的核心就是培养容纳变化的思维，关于这一点，我在第二章有详细的介绍。在此，我想从转变过程的角度，仔细梳理下重生的要素：第一个是偶然和意外，第二个是另起炉灶。

重生的第一要素：偶然和意外

有时候，我们容易从机械的角度看自我发展，认为如果生活出了问题，会有一个写着"一、二、三、四"的操作手册来修复它。可事实不是这样的。重生依靠的是生命本身的创造力。这种创造力常常会在生活遭遇限制和挑战的时候迸发出来，它会和生活现实结合，让我们的人生产生一些奇妙的变化。

如果你问我，怎样才能重生呢？我的回答是："我不知道。"

事实上，我看到的重生故事经常充满很多偶然和意外。可是细细想来，那些偶然和意外里包含着一些耐人寻味的必然。你不会在结束和迷茫的时期就知道这个答案，可当它出现的时候，你是能认得它的。你甚至会觉得奇怪，自己之前怎么没想到呢？

在监狱里经历结束和迷茫期的时候，褚时健也不会知道自己的未来。他在狱中服刑时，一个堂弟在种橙子，向他请教了一些经营的问题，并给他带了一些橙子。后来他去堂弟的山上参观，觉得种橙子这件事是可以做的，这就是一种偶然。可是，哀牢山是他原来起步的地方，他在那里当过知青。他原来在烟草公司工作的时候，又是有种植烟草的经验的，他正是凭科学的烟草种植方式让红塔集团发展壮大的。这样看来，这个偶然又是和他以前生命中的重要经历和资源相联系的，包含了某种必然。

巴西经典寓言式小说《牧羊少年奇幻之旅》里有一句话："当

你全心全意地想做一件事时，全世界都会来帮你。"这句话虽然过于唯心，可奇怪的是，很多人在经历了迷茫以后，确实会碰到一些意外的机会。这些意外机会就像是：我们经历了工作的迷茫期以后，偶然遇到一个多年没联系的朋友，朋友说他们公司正好有个适合我们的职位空缺；我们在分手以后，去了一个本来不想去的聚会，意外地遇到一个情投意合的人；我们偶尔看到一本书，这本书刚好能解答一个长期盘旋在我们心头的疑惑。重生总是充满了意外，没有什么重生是完全规划好的，因为生命本身就不是能完全规划的。可是，重生又和我们以前的生命经历有着某种特别的联系，让一切看起来像是命中注定。

那个从美国回来，对着斑斑驳驳的墙想着"为什么我几个月前还住在一个漂亮的房子里，现在只能住这种房子"的朋友，是经历了一段时间的迷茫以后，去一家咖啡厅看书时，偶然听到隔壁有人在打电话，讲的是她感兴趣的内容。于是她前去搭讪，跟那个人聊了聊，后来她就加入了"得到"，成了我在得到App"自我发展心理学"的课程主编。

我的另一个朋友，原来在一家IT公司工作，可他并不喜欢这份工作。后来，他在网站上写东西，开始被一些人知道。有一天，他想从公司离职，就想了下自己能做什么。他想过很多谋生的手段，开咖啡厅、开书店之类，可是都不靠谱。

当时他要离职，家人和朋友都反对，这让他很纠结。经过一段时间的迷茫，在网站上写作的经历给了他一些思路——他决定辞职写一本书。

用一年的时间写一本书，这是一个冒险的举动。要知道，那时的图书市场并不景气，很难对一个新人作者出的书抱有什么期待。结果那本叫《精进》的书卖得很火，成了年度畅销书。他摇身一变，变成一个知识IP。第二年，知识付费火热起来，他获得了更多的资源。这可真是"当你全心全意地想做一件事时，全世界都会来帮你"。

重生的第二要素：另起炉灶

前文的描述还涉及重生的第二个要素，我把它叫作"另起炉灶"。

另起炉灶的意思就是，我们需要跟原先的目标分离干净，既不是想着避开原先的伤痛，也不是想着去弥补损失。只有这样，才能重新开始。

我们前面讲过，结束的过程也是一个脱离的过程。这个过程很痛苦，因为它通常包含着损失。可是，如果我们总是想着怎么弥补损失，那我们就还没从上一件事情中结束。重生需要一种容纳变化的能力，也需要我们有放下原先经历的能力。有时候，只有承认损失，我们才能真正放下，重新开始。

我离开浙大的时候，浙大正在分房子，我的名字就在分房人员的名单上，还挺靠前的。这件事一直是我心里的一个痛。有很长一段时间，我经常关注那边房子的房价，想着怎么挣钱，去那边买一套新房子。

后来我跟一个做心理咨询师的前辈聊天，他说："你辞职最大的风险，不是损失了那套房子，而是老想把它挣回来。"最开始我不理解，后来我慢慢领悟到了，他说的是对的。有时候，结束就是结束。如果我一直惦记着弥补损失，就没有办法真的结束，重新开始。

这跟我们接触到的主流观念不太相同。主流观念总是在倡导从哪里跌倒，就从哪里站起来。它背后的潜台词是：坚持是勇敢的，而放弃是懦弱的。**可有时候，我们得学着从哪里跌倒，就在哪里趴下。认了栽，承认失败，才会发现，原来可以换个地方重新来过。**

放弃并不比坚持容易，它同样需要勇气。有勇气接受损失；有勇气放下旧的，开始新的；有勇气放下熟悉的，尝试不熟悉的；有勇气放弃容易的，选择艰难的。

我看到的大部分关于转变和重生的故事，都不是直线式的反败为胜，而是另起炉灶。比如，褚时健从监狱出来的时候，并没有去另一家烟草公司当顾问，重操旧业。如果他一心想着怎么利用自己的经验打败自己创立的烟草公司，那我觉得他还没有结束。但他选择了完全不同的行业，重新开始。我那个朋友从公司离职以后，没有找另一份更高薪的IT工作弥补离职带来的损失，而是选择写作。这也是另起炉灶，重新开始。

我们很难理解另起炉灶，有时候是因为我们习惯用经济、社会地位这样的成就来衡量一个人的转变。如果一个人加入的新公司没有原来的规模大，挣的钱没有原来的多，或者职位没有原来的高，那他就失败了。但我觉得，如果这样理解重生，就太狭隘了。

转变本质上是发生在我们心里的。是我们从长久的心理冲突，从一个被卡住的位置出来，重新开始。

想想苏东坡，官场重挫，被贬黄州。从官职上看，可以说是走了下坡路。可是他在黄州写下"惟江上之清风，与山间之明月，耳得之而为声，目遇之而成色，取之无禁，用之不竭，是造物者之无尽藏也"的时候，谁又能说，他没有在精神上获得一种重生呢！他从一个官员变成中国文人洒脱自在的文化符号，这也是一种另起炉灶的重生。而褚时健的种植事业虽然没有红塔山那么大，但他也通过自己的奋斗，变成我们这个时代的文化符号。

重生是心理结构的重组过程。 在结束阶段，我们从原先的环境、身份和目标中脱离；在迷茫阶段，我们会跟更深更广的精神领域建立起联系；而在重生阶段，我们获得了一个新的目标、一种新的认知结构、一种新的意义感。相比于原先的认知结构，新的认知结构会变得更有智慧、更能容纳损失和变动，也更能适应新的现实。

重生也是自我重构的过程。这个过程就好像我们身上原本存在很多个自我，其中某个最主要的自我因为自身的限制被剥离了，而另一个看似微不足道的自我成长了起来。最开始，也许我们只是把后一个自我当作爱好，当作繁杂人生中一块小小的自留地来培养。但在转变期，因为后一个自我更符合我们内心的价值观，也符合外界环境的需要，忽然有一天，它就变成了我们的主要身份。

同时，重生是人生重组的过程。我们人生中腐朽的东西已经在变动中脱离了，而人生中有活力的部分被保留了下来，并进一步扩大。我们有了新的身份、新的事业、新的自我，我们重新出发，变得更加灵活和坚韧，直到下一次转变到来。

生命总是会为自己寻找出路，无论前面的阻力看起来有多强大。

● 自我发展之问

你经历过或者见识过什么样的重生故事？这种重生是怎么经历结束和迷茫，最后发生的？

通过这段经历，你获得了什么样的感悟？

职业转变：
如何应对职业变动与转型

真实的自我存在吗

我们生活在一个充满变动的时代。工作的变动，就是我们经常遇到的一种转变。毕竟，**工作不仅是我们参与社会的途径，也是塑造自我、体现自我价值的途径。**所以，我们每个人都希望自己能有一份好工作。可什么是好工作呢？

每年毕业季，很多优秀的大学生都想去赚钱的行业、赚钱的大公司。有时候他们会觉得，进那些行业或公司很难，因为竞争很激烈。可是从另一个角度看，作这样的选择并不难，因为他们不需要思考自己真正想做的事情是什么，并根据自己的独立思考作出选择，他们只需依循大多数人的标准就可以了。

当然，我觉得年轻人在职业选择上走常规的路，积累一些职业经验是必要的。可是我还见过很多人，他们在有了一定经验以后，开始困惑：这个工作真是我想要的吗？我真的要以这种方式过一生吗？很多人由此开始了艰难的职业转型。

这些年，我在身边看到过很多职业转型故事。有从 IT 男变成作家的，有从公司高管变成心理咨询师的，还有从程序员变成木匠的。有些职业转变的跨度没那么大，可能只是从公司的一个部门换到另一个部门，但是经历的心路历程是类似的。职业转型绝不是找一个能赚更多钱、有更大职业发展空间的工作那么简单，它其实是一个自我重塑的过程。

每一个职业背后，都有一个自我。在公司做运营，这是一个自我；在机关单位当公务员，这是一个自我；在大学当老师、创业或者做一个自由职业者，都有一个自我。这个自我关系到别人怎么看待我们，我们怎么看待自己，也关系到我们会怎么行动、思考和感受。所以，职业转变的过程，就是新旧自我更替的过程，而这也是职业转变最难的地方。

前段时间我遇到一个来访者，她在一家 IT 公司做产品。这份工作需要进行很多的沟通交流，有时候还要主动争取资源，可她觉得自己不擅长这些，因此有很多烦恼。她问我，她是不是选错了职业，她是不是更适合做那种需要创意的、设计类的工作。我问她为什么这么想，她说自己以前做过一个职业倾向测试，测试结果显示她更适合那一类的工作。我并没有追问职业测验的结果是怎么样的，只是问："你是怎么想的？"

她回答不出来。这是常有的情况：当我们对自己没有清晰的想法时，我们会希望通过职业倾向测验等工具来发现"真实的自己"，让自己的想法清晰起来，然后根据这个"真实的自己"来选择职业、规划发展。

这种思维方式的问题在哪里呢？我们讨论如何发现真正的自己时，正在以一种静态的方式看待自我。我们假设自我是一个已经形成了的东西，只不过它被类似纱布之类的东西遮住了、蒙蔽了，所以我们看不到它。这样一来，我们要做的就是把遮住自我的纱布拿开，看清楚真正的自己是什么样的，然后根据这个真实的自我作出合理的职业选择。

可实际上，在我们作出选择之前，根本没有所谓真实的自我。真实的自我，是我们在寻找和选择的过程中逐渐形成的。

选择一个"可能的自我"

与真实自我的假设相对，斯坦福大学认知心理学家黑兹尔·马库斯（Hazel Markus）提出了一个关于可能的自我的理论。这个理论认为，与所谓的真实自我不同，每个人身上都存在很多可能的自我。这些可能的自我，有些是我们梦寐以求的理想化的自我，有些则是我们非常厌恶的、不愿意去扮演的自我。这些不同的可能自我，在我们内心展开激烈的竞争。在你迷茫和犹豫的当口，它们好像在对着你喊：选我选我！如果你选了其中的一个自我，那其他自我就会不断衰退。

职业转型的过程，就是选择其中一个可能自我，让它跟世界发生互动的过程。如果这个可能自我在现实中是适应的，那它就会逐渐成长起来，变成真实的自我。如果它是不适应的，那我们可能就要换一个，重新做类似的尝试。如果我们已经转型成功，回过头来，会有一种"一切理当如此"的感觉。可实际上，在萌芽期，这些可能的自我只是我们心里的一个念头。

以我自己为例。博士毕业以后，我在浙大的心理中心工作。那份工作有我喜欢的部分，比如聪明的学生、教学和咨询；也有我不喜欢的部分，比如事业单位通常会有的种种约束。我生性自由，不习惯被约束，只想钻研自己的业务，对行政方面的事情总是不太上心，这给我带来了一些麻烦。偶尔我会冒出一个念头：要不要做一个自由执业的心理咨询师？可这只是偶尔想想。如果那时有人告诉我，一年以后我会从浙大辞职，我一定会觉得他在胡说八道。

一个小小的种子，最开始是不起眼的，它只是安静地待在角落，连我们自己都不会太把它当真。

后来，我因为在网上写了一些文章，被越来越多的人知道。又因为我在工作中所受的束缚越来越多，开始变得心浮气躁，经常觉得很疲惫，做什么事都不顺。慢慢地，那个偶尔产生的念头，逐渐变成了一个需要认真考虑的选项。

回过头来，也许我会觉得这个念头是重要的，它像是在冥冥之中提示了我要走的路。这有一定道理，但不是绝对的。事实上，最开始这个念头只是一个小小的可能自我，是众多可能自我中的一个而已。那时候，我还在杭州佛学院教心理学。每周都会有一天早上，我穿过那个写着"小西天"的石门，走过一条满是花香、满目绿色的山间小道，到灵隐寺后面的佛学院，跟一群学僧谈佛学和心理学的相通之处。有时候我会想，要不要到佛学院当全职教师，为佛学和心理学的连接作更多的贡献呢？那个念头背后，也有一个可能的自我。但我后来并没有走这条路，那个可能的自我就慢慢消失了，也许只存在于另一个平行宇宙中。

念头的成长需要尝试

那么，一个可能的自我，是怎么从一个念头逐渐成长为一个可行的选择的呢？

我觉得有两个原因。第一个原因是，这个可能的自我符合我们的价值观。也就是说，它对我们有某种特别的吸引力，我们对它有某种特别的亲近感。第二个原因是，我们需要去尝试。自我是在实践中逐渐变得清晰起来的。如果没有尝试，可能的自我就不会有发展。

有的人可能会觉得职业转型是先了解自己，然后根据自己的个性作计划，并逐步去完成。可实际上，职业转型是一个试错过程，中间有很多的反复和纠结。在这个过程中，计划通常是派不上用场的。只有尝试的反馈能告诉我们对未来职业的设想到底是对还是错，如果要改进，更真实的路在哪里。

我还记得，当我有了做自由执业的心理咨询师的念头以后，我就开始在外面张罗场地，做一些收费的咨询。现在看起来这是一件容易的事，可是当时，迈出尝试的每一步都是对自己心理舒适区的小小突破。我最开始收费做咨询都有些不好意思，价格也定得比较便宜。慢慢地，我发现自己已经有稳定的咨询客户群，找我咨询的人需要排队了。这个时候，自由执业的咨询师的角色才变得清晰起来，成为一种可能的选择。

当然，并不是所有尝试都是顺利的。有时候，尝试需要兜兜转转很长时间，我们才能看到一个可能的自我朝理想自我转变的影子。这时候，我们就进入了一个新的时期：自我的过渡期。

在过渡期，新的自我和旧的自我在一起共存、竞争、逼迫我们作出选择。而我们会不断跟自己讨价还价，拖延作选择的时间。这种拖延，既是因为放弃那个旧的自我会带来损失，更是因为我们对未来不确定性的恐惧。这种焦虑，是我们面对结束的时候经常会遇到的。

比如我就想过，我就不能用业余时间做咨询吗？我就不能等过几年学校分了房子，一切都稳定了再离职吗？当我从浙大离职以后，我并没有马上成为一个自由职业者，而是去另一个高校当了一段时间的老师。我当时想的是，反正在高校里很自由，只是上两天课，我可以用剩下的时间做自己的事。现在想来，其实不是我不知道应该怎么选择，而是心里害怕。

在过渡期，旧的自我和新的自我还在不断地此消彼长，我们会一直处于撕裂的、焦虑的状态，直到某个契机表明，我们不能再逃避选择了。这时候，真正的转变来临了。

这就是职业转型的过程——从萌芽期的念头，到不断地尝试，到新旧自我相互撕扯的过渡期，一直到转型完成。这个过程通常是漫长的，而且有时候会付出巨大的代价。可是，一旦这个过程启动了，我们是很难回头的。如果不去响应内心的召唤，在厌倦却不得不去上班的那一刻，在半夜醒来的那一刻，在偶尔失神的那一刻，我们都会意识到，自己因为没有接受人生的挑战，而失去了一些重要的东西，并因此焦虑和沮丧。

那职业转型完成以后呢？

我有个朋友，大学时就开始玩音乐。大学毕业以后，因为父母的要求，开始经商。最成功的时候，公司有两三百人。在他35岁的时候，他把公司卖掉，重新开始做音乐。

我问他当商人和当音乐人有什么区别，他说："以前我当商人的时候，跟人介绍自己，说我是某某公司的老总，心是很虚的。出入商务场合时，总要再三给自己壮胆，才能劝服自己是属于那里的。但我当了音乐人以后，再也没有这种感觉了。跟别人介绍自己是做音乐的，一点都不别扭，心里踏实极了。"

也许，我们在职业的转型中兜兜转转吃那么多苦，最终想要的，就是这样一种踏实的感觉。因为我们知道，这个踏实的感觉里，有我们真正想要成为的自己。

● 自我发展之问

你曾经历过怎样的职业转变？在这个过程中，你做了哪些尝试？这些尝试，哪些是有用的，哪些是没用的？

在转变的过程中，你发现了哪些"新自我"？这些"新自我"在转变发生之前，是否就已经在你身上存在了？又是如何通过转变，被一点点孕育出来的？

关系转变：
如何应对关系的结束

结束是一种特殊形式的死亡

除了工作的转变，还有一种重要的转变——关系的转变。

关系是幸福感和意义感的来源，关系里有我们的喜怒哀乐、爱恨情仇。因此，关系的转变会带来巨大的情感冲击。

关系的转变中，最痛苦的就是关系的结束。失恋、离婚，或者亲近的人的意外离去，总会给我们带来巨大的痛苦。

自我是以关系为载体的，当一段关系结束后，我们不仅失去了关系中的他（她），也失去了关系中的那个自我。如果你曾对他（她）温柔体贴、百般呵护，那在建立一段新关系之前，那个温柔体贴、百般呵护的你也随着这段关系消失不见了。这也是人们总把关系的结束与死亡相类比的原因。结束就是一种特殊形式的死亡，它伴随着不可逆的失去。这种失去会给我们带来巨大的情感冲击，让我们很难看到重生的可能。

失去了一段关系，意味着失去了一个自我。这种失去不像从一块完整的饼上掰下一块那么简单，它同时会改变剩余的部分。因为，当这段关系存在的时候，我们会给这段关系赋予很多意义。比如，我们会觉得自己被缘分眷顾，才有两人的相遇；我们自身很有才华或魅力，才会吸引到对方，这些都变成了自我概念的一部分。可是，随着关系的结束，跟这段关系有关的自我概念就不得不重新修改了。

有人说，从爱一个人到不爱一个人，就好像原来那个人浑身上下都被光笼罩着，现在光没了。原来在一段关系里，我们和对方都是闪闪发光的。现在光没了，我们要怎么重新看待自己，重新看待这段关系呢？原先神奇的缘分会变成命运的恶作剧吗？原先的魅力会变成"我就是这么容易被骗""没有人会真的爱我"的证据吗？所以，面对已经分手的恋人，很多人还会问一句：你到底有没有爱过我？这个问题的答案虽然改变不了分手本身，但对分手以后我们怎么看待自己、看待两人的关系至关重要。

在关系转变的过程中，我们的头脑会变得非常混乱，也许前一秒我们还在想：无论是不是离开，我都会爱你一辈子，我永远都忘不了你。后一秒就会想：你怎么能这么冷酷无情，像你这种人渣，我这辈子都不想再见你了。前一秒还在想：虽然要离开，但是我很感谢上天让我们相遇。后一秒就会想：我是做了什么孽，上天要这样惩罚我。当这些混乱的想法来临的时候，不是我们疯了，而是大脑在艰难地处理这段失去，从中整理出关于关系和自我的新认识。

抗拒结束的三种方式

和其他的转变一样，关系的转变也会经历"结束——迷茫——重生"这三个阶段。在结束的阶段，我们的头脑会以各种方式来抗拒结束，比较典型的有以下三种。

1. 对挽回的幻想

经常有来访者因为失恋来找我。他们说完自己的痛苦之后，就会翻出对方微博或微信的聊天记录——希望我能判断他们是不是还有可能在一起。

这时候我会说："不好意思，我并不擅长通过这些来判断一个人，我不会比你更了解他（她）。"

他们就会说："你不是学心理学的吗？怎么会不知道呢？"

甚至有些人会直接问："那你能不能告诉我，我能做什么来挽回这段关系呢？"

我只好说："我也不知道。在一起需要两个人作决定，可是离开，只要一个人就可以决定了。如果对方真的决定要离开，那你做什么都是没有用的。"

这是在关系里我们很难接受的一个事实。如果我们是被离开的一方，那这段关系是不是结束，并不是由我们决定的。如果对方去意已决，我们做任何事都不能挽回这段关系，反而会增加对方的负担。当然，这并不意味着一分手，就没有复合的可能了。我只是想说明，复合不复合，不再是一件我们自己能决定的事，我们只能忍受这种不确定性。可是，要放弃对挽回的幻想，就会变成一件难事。

2. 把对方和关系理想化

其实，一段关系逐渐走向结束，一定是有原因的。如果两个人真的不合适，那结束未必不是好的选择。可是有些时候，出于对失去的恐惧，这段关系会在我们头脑里变得光芒四射，对方会忽然变得异常理想，以至我们会不停哀叹，自己没有把握好这段关系，再也找不到一个像他（她）那么好的人了。这其实是大脑玩的把戏，它在用这样的方式督促我们去挽回这段关系，以避免结束。这会让我们没法客观地看待这段关系，从而增加了结束的痛苦。

我有一个来访者，她的老公接二连三地出轨，还经常不回家。在很长一段时间里，两个人陷入无休止的争吵和猜忌。后来，她实在忍无可忍，选择了分手。可是离婚以后，她不停谴责自己，觉得是自己没处理好问题，才把事情搞砸了。哪怕我一再跟她说，这并不是她的错，也无济于事。后来我才慢慢理解，她像是一个记忆的剪辑师，把关系中所有好的片段都剪辑下来，拼接成一段完美的关系，而把关系里的背叛、伤害都排除了。这种理想化保留了关系的美好，同时增加了结束的困难。

如果你正要结束一段关系，可以提醒自己，你失去的并不是

一段完美的关系。无论你把它想得多美好，它都不是。如果这段
关系本身已经充满了厌倦和冲突，谁先提出结束并不重要。就算
有区别，也只是你更害怕结束而已。

3. 让自己沉浸在悲伤的情绪中

情绪是有对象的，悲伤虽然不好受，但它是一种保持联系的
方式。我有一个来访者，她和前男友分开快3年了。她每天上班
做的第一件事，仍然是打开前男友的微博，看看他在做什么，固
定得像一个仪式。前男友的微博里有老婆孩子的照片，有现在的
生活，自然不会有她的痕迹。每当看到这些，她都会黯然神伤。

我一直不明白，她为什么非要用这种方式让自己悲伤。直到
有一天她跟我说："我在前男友那里已经找不到感情的痕迹了。如
果我还悲伤着，说明这段感情还在。如果我好了，那这段感情就
真的结束了。"她宁可让自己悲伤，也不愿承担结束的痛苦，因为
后一种痛苦要疼得多。

我听另一个姑娘说过类似的话。她说："失恋了，我却不想结
束，不想从痛苦中走出来，觉得结束像是一种背叛，哪怕痛苦也
宁愿留在过去。"

停留在过去有什么好处呢？大概是我们的心里还能生起一些
虚幻的希望，我们可以借由这种希望来对抗孤独。而承认了结束，
就是从心底承认我们已经永远失去了所爱的人。可是，不经历结
束和迷茫，我们就不会有重生。

如何接受结束

最终，我们是怎么接受这种失去的呢？

心理学家伊丽莎白·库伯勒-罗斯（Elisabeth Kübler-Ross）曾经研究过一些重症患者的心理，发现重症患者接受自己生病要经历五个阶段。其实，这五个阶段也适用于接受像分手这类关系的结束。第一个阶段是否定，就是不相信关系真的会结束，还以为只是跟过去一样吵架而已。第二个阶段是愤怒，就是觉得自己被欺骗、被抛弃了，哀叹为什么是自己遇到这样的事。我们会不停地指责对方，好像对方不仅没有永久离开，还会回来接受我们的指责一样。第三个阶段是讨价还价，想着也许对方会改变，也许我们可以等待，也许我们还有机会再在一起。第四个阶段是抑郁，这就是前文讲的迷茫期。最后，才会进入第五个阶段，我们的心才会慢慢重归平静。

我喜欢的一部电影《情书》，讲的正是接受结束的过程。电影里的女主角博子一直走不出未婚夫登山去世的阴影。故事的结尾，博子的新男友带着她去了她未婚夫遇难的雪山。哪怕在山脚下，博子还拉着新男友的手不安地说："太过分了，我们会惊扰到他的，我要回去。"

可是那天早晨，当博子看着远处圣洁又安宁的雪山，压抑已久的悲伤终于痛快地释放了出来。她对着雪山一遍遍大喊："我很好，你好吗？"然后泪流满面。

那一刻，她终于愿意直面逝去的悲伤。而她的新男友就在雪山这边，微笑看着她。雪山那边是结束，雪山这边是开始。生活在让人心碎又带着奇怪安宁的悲伤中，滚滚向前。

所以，该怎么接受结束呢？**去承认损失，去哀悼，去迷茫，去失声痛哭，然后固执地相信会有新的未来从生活中长起来，哪怕我们现在还看不到这个未来。**

我们很容易对结束有一个误解，以为结束就是没了，就是某个人在我们的生活中从此消失不见了。也许一段关系的结束意味着我们再也见不到他（她）了，但是结束并不意味着消失，关系会一直存在。只不过，以前是我们存在于这段关系中，现在是这段关系存在于我们心中。当我们从失去的关系中重生以后，就重新获得了这段关系。在对往事的回忆里，它变成我们内心柔软的角落。

● 自我发展之问

你经历过什么样的关系的结束？你是如何走过这一段的结束和迷茫期的？

你从这段经历中获得的启发是什么？它对你现在的影响是什么？

转折期选择:
选择的标准是什么

选择的第一个原则: 经济选择还是心理选择

无论工作还是关系,几乎所有转变都会有一个讨价还价、新旧自我共存的时期。该继续学业还是该放弃?该在本行业深耕还是该转行?该继续这份工作还是该辞职?该继续这段关系还是该分手?在转变期,这些选择都很让人纠结。在工作和关系的转变期,我们究竟如何选择?

其实,这是一个很难回答的问题,因为不同转变期遇到的抉择会非常不同。我从来访者、身边的朋友以及我自己的转折经历中,总结出选择的两个原则。

第一个原则,要想清楚我们作的是经济选择,还是心理选择。

这是什么意思呢?

曾有一个读者给我写信,说她原来在一个小城市创业做英语培训。事业步入正轨后，她就想，自己是该到杭州进一步创业，还是继续在这个小城市工作呢？她在杭州读的大学，有很多朋友，自己也很向往大城市的繁华和便利，看起来是个不错的选择。但是，她又担心大城市的压力和房价。如果选择待在小城市，虽然事业已经步入正轨，但她会很不甘心。她不知道该怎么选择，因此来问我。

面对这样的选择，通常有两种思路。一种思路是把它当作一个经济选择，用经济学的模式来思考该怎么选择。比如，我们会考虑风险、收益、机会、成本等各种利弊得失——经济学的模型不一定只考虑经济的因素，它的核心特征是把各种好处和坏处做加减，然后进行比较。在这样的决策模型中，我们需要的是如何获得更完备的信息，来准确地预测未来。

可是，这种决策模型是有弊端的。第一个弊端是，谁也没有足够的信息来预测未来。毕竟我们都是在信息不完备的情况下作出决策的，这也是我们会困扰的原因。第二个弊端是，在这样的模型中，我们并没有作什么选择。我们真正做的只是信息的计算和加工。换句话说，这样的选择是不需要"我们"的。假如真有一个超级计算机，能对损失和收益的成本作精确的估算，任何人都能根据计算结果作出一样的选择——这就是比大小而已。

另一种思路，我姑且称之为"心理选择"。在这种选择模型里，我们不再问将来可能的结果是什么，而是回到现在的选择本身。如果我们把选择放到自我转变的背景上，把选择看作是不同自我的竞争，那我们就要想，每一个选择背后可能的自我是什么？我们想要成为哪一个自我？又愿意为哪一个可能的自我站台？

我发现，很多人在思考未来的时候，想的并不是经济上的得失，但是他们仍然会用经济选择的模型来思考。我猜，这可能是因为"成为什么样的人"这样的心理选择会比"我能挣多少钱"这样的经济选择要难一些。因为前一种选择意味着更多责任，意味着在不确定的状况下对自己负责的勇气。

选择的真正含义，是要用承担选择的后果来体现的。对于成为什么样的人这样的选择，我们是没有什么人可以依靠的。这很容易让人焦虑，所以我们才会想从这样的选择中逃开，用经济学模型寻找一个确定的答案。可是，选择就是成就自我的第一步。我们就是在用自己的选择，把自己塑造成那个想成为的自己。因此，我们在作选择的时候，要清楚自己究竟是根据什么作出的选择——是经济选择还是心理选择。只有这样，我们才知道该选择什么。

选择的第二个原则：环境还是自我创造

有的人可能会觉得，选择总得照顾现实，否则，岂不是在用幻想逃避现实吗？这就涉及选择的第二个原则：从自我创造的角度去思考选择，而不是从环境的可能性去思考选择。

我还在浙大工作的时候，曾经遇到一个学生。他来找我，问我他是不是该退学。他刚刚从本校保送读博士，可以去一个很不错的实验室。可是到了那个实验室后，他发现导师平时都在忙自己的项目，很少给予他指导，但是要求很高。实验室的师兄师姐们也不太友善，竞争很激烈。毕业也很难，师兄师姐经常有延迟毕业的。他觉得压力很大，去找一个师兄商量，师兄告诉他，要退学早点退，等到博二、博三再退就更不合算了。他又去找父母商量，父母当然是坚决反对。因此，他来问我该怎么办。

要不要退学并不是一个容易的选择。如果从环境的角度去思考，不外乎两种选择：要么顺从环境——我从小就是一个听话的、循规蹈矩的孩子，我觉得就应该继续听话；要么反抗环境——既然导师和实验室让我不爽，那我就应该离开。可是，他的内心还是很纠结。

无论是顺从环境还是反抗环境，我们都没有脱离环境本身。这种思考方式其实是在假设：外在的环境是决定选择最重要的因素。当我们把选择的权力交给环境时，我们就没有在作心理的选择。这时，我们很容易被一种无力感淹没。所以有时候，作选择需要回归我们内心。

这个学生该怎么作决策呢？也许，他不应该把犹豫当作决策的契机，而应该把它当作自我探索的契机。在这个时候，他最应该问的问题并不是当前决策的各种利弊，而是：我想成为什么样的人？

自我的形成不是一个发现的过程，而是一个创造的过程。就像画一幅画，画家心里对这幅画的理念常常是很抽象的，只有在一个个选择中才能把它变成完整的现实。如果我们用静止的思维思考，也许会假设冥冥之中已经有两个完成的、不同的自我等待我们选择，或者有了两条已经形成的道路，一条比另一条更顺一些。可是如果用过程思维思考，我们就会发现，自我的形成是一个完整的过程，选择就是这个过程的第一步，也是创造自我的第一步。而后面的很多步，要等我们先迈出这一步才会知道。

当我们把选择放到自我形成的框架上，我们跟选择的关系就不一样了。但这并不意味着我们就不会犹豫了，决定仍然很艰难，只是我们不会再被环境或者问题支配了。

假如那个犹豫着要不要退学的学生将来的志向是要帮助非营利组织做一些事情，那他就需要思考，未来要做的事情需不需要博士学位？有博士学位会不会有更多帮助？也许经过一番艰难的考量以后，他觉得读博士没什么用，自己更应该积累社会工作的经验，那他就会退学了。如果他觉得未来需要一个博士学位，就有可能继续读博士。当他这么思考的时候，有些事情就有了变化：决定选择的力量不再来源于环境，而是来自他对自己未来的构想。不是环境让他作出选择，而是他想成为的自己让他作出选择。

这时候，他跟选择的关系就发生了变化。首先，他的选择不再是环境的产物。不是他喜欢这个环境就应该坚持，不喜欢这个环境就不坚持。相反，环境，哪怕是不利的环境，都成了自我创造需要面对的现实，需要克服的困难，环境成了整体图景的一部分。其次，在这样的框架下，他对风险的感觉也不一样了。以前他会把风险看作选择哪条道路的决定性因素——我们往往会在自己想做的事情和可能的风险之间寻找一个平衡。但把创造自我当作目标时，我们对风险的思考也会不同。

曾有人在拿到一份工作offer的同时，考上了研究生，他不知道该怎么选择，询问我的意见。他想从事研究工作，但担心放弃这份offer，读完研以后找不到好工作。他对风险的觉知完全是根据两个选项的利弊来考量的。但是，如果把选择放到自我创造的过程中，思考选择的方式就会不一样。他可能会这么考虑风险：我有没有足够的钱支撑将来想要做的事业？如果没有，那我可以先接受这个offer来挣钱，但这不是因为怕失去好的工作机会，而是将来的事业需要钱的支持。这时候，风险变成了实现创造的条件，而不是最后的结果。也就是说，如果我们坚定了选择的依据是自己要成为一个什么样的人，那么风险就不再是决定选择的因素，我们只会从它能否帮助我们实现志向的方面考虑。

● 自我发展之问

请回顾你最近一次作的重要选择。如果遵循经济模型，你会怎么分析这个选择？遵循心理模型，你又会怎么分析它？

你的实际选择是依据经济模型还是心理模型作出的？现在的你，又是如何看待这个选择的？

创伤后成长：
如何重建意义感

创伤后的艰难重建

人有强大的适应环境的能力。人类获得的重要能力，都是从对失去的适应中得到的。越是复杂和艰难的环境，越逼着你发展出特别的能力和智慧来适应它。然后突然有一天，你会发现这些能力和智慧能够用到其他方面，变成你的资源和财富。

我有一个朋友，是一位很成功的女企业家，身家几十亿，手下有好几千的员工。她做事干练，雷厉风行，一点都不像外表那么柔弱。刚开始我以为这是她在商场打拼中发展出来的风格，后来发现不是。有一次我们在一起聊天，她说："我以前做梦的时候，梦里自己的角色都是男性。"

原来，她爸爸重男轻女，总是忽略她，着力培养她弟弟。任何一个孩子都希望得到父亲的承认，因此，她非常努力，总是考第一名，想证明给爸爸看她也可以。可爸爸还是无动于衷，顶多就是惋惜地说："你这么聪明，要是个男孩子就好了。"

她梦里的男性形象，就是想让爸爸承认和接纳自己的深刻愿望。因为这种强大的动力，她做事一直很拼。慢慢地，她的事业越来越成功，而她这种干练的风格正好帮她更好地适应商场，成了一位成功的企业家。

她心里有遗憾吗？我想，也许还有，也许没有了。也许她后来的发展早已冲淡了先前的遗憾，并让她把自己的领导风格当作优势来修炼。可是，如果没有最初拼命想要父亲承认的动力，她很难有今天的成就。

这样的故事，发生在我们每个人身上。这些长久的挫折并不是我们主动选择的，如果可以，我们宁愿不要它。因为这些挫折，我们也许哭过、累过、沮丧过、失落过。可是当我们不得不去适应的时候，却发现这些挫折背后，是带着珍贵的礼物的。礼物不是来自挫折本身，而来自我们对它的适应。可是，挫折和礼物是相约而来的。如果没有某种挫折，我们就不会发展出适应这种挫折的能力和智慧。

创伤意味着成长机会

人生中很多重要的东西都是从失去中得到的。有些失去是我们主动选择的，比如工作或者关系的转变；有些失去是我们没法选择的，比如忽然生了一场大病，失去了生活中重要的人，或者遭受了人身的侵害。这些失去常常给人带来很多创伤。有时候，创伤不仅意味着伤害，还意味着成长的机会。

《自控力》的作者凯利·麦格尼格尔（Kelly McGonigal）曾经写过一本关于压力的书。书里提到一个研究，有3万名美国成年人参与了一个压力调查，回答他们所承受的压力，以及他们是否觉得压力有害健康的问题。8年后，研究组彻查了公开记录，查看当年参与调查的这些人是否还健在。结果表明，当时承受高压力的人群的死亡风险提高了43%。看起来这项调查确认了压力有害的观点，可仔细分析后可以发现，死亡风险提高的只是那些相信压力有害健康的人。实际上，报告显示，承受了高压力却并不认为压力有害健康的受访者的死亡率并没有提高。相反，他们是调查对象中死亡风险最低的，甚至低于那些报告自己承受很少压力的人。也就是说，真正有害的不是压力，而是压力有害健康这个观点本身。

从这个报告看，怎么看待生活中遇到的挫折，有时候甚至比遇到的挫折本身更重要。创伤会改变我们，可是如果我们只看到创伤的害处，那这种害处会因为我们害怕它而加重。创伤会带来负面影响，这当然是一个事实。可另一个事实是，有相当比例的人从很严重的创伤中复原了，甚至还获得一些不同寻常的成长。这就是"创伤后成长"。

创伤后成长是什么样的呢？史蒂芬·约瑟夫（Stephen Joseph）

在《杀不死我的必使我强大》中用了一个有趣的比喻来说明。

想象一下，山顶上有一棵树，它正承受着暴风雨的肆虐。第一种情况是，它傲然挺立、不屈不挠，暴风雨过后好像浑然未变。就好像一些人，再多苦难都不会让他们动摇。我们会认为这棵树很坚强。第二种情况是，这棵树虽然在风中弯曲，但是没有折断，暴风雨后又恢复了。我们会认为这棵树有很强的复原力。而第三种情况是，它被暴风雨刮折了，折断的树枝上出现了一个很深的伤口，而且它的身形被永久地改变了，留下了很多伤疤，变得歪歪扭扭。可是过了一段时间，这些伤疤上抽出了新的枝条，甚至长得比原来更好。暴风雨永久地改变了这棵树，可是并没有摧垮它，反而让它焕发了新的生命力。人的创伤后成长就像是第三种情况，它不是经历了创伤后巍然不变的坚强，也不是从创伤中恢复过来，而是创伤后的改变。

创伤经历是怎么改变我们的呢？

社会心理学家罗尼·吉诺夫－布尔曼（Ronnie Janoff-Bulman）在他的著作 Shattered Assumptions（《破碎的世界假设》）中提出了一个概念，叫作"世界假设"。他认为，我们每个人在日常生活中都维护着一些"天真的假设"。成人世界主要有三个隐秘的天真的假设：认为世界是友善的，认为世界是公平的，认为世界是安全、可控、可预测的。这三个基本假设组成了这样的观念：只要我做一个好人，保持健康的生活习惯，努力工作，我就能平安幸福地度过一生。这不是某个人的假设，整个社会都在维护这几个假设。

否则，如果一个人不知道努力工作和回报之间有任何关系，不知道到底有没有明天，那为什么还要去上班，还要为公司的项目苦思冥想，挨老板的批评呢？

现在，很多人生活在都市里，都市的繁华很容易让我们忽略人生必然经历的一些苦难。当有一天真的有灾难来临的时候，支撑我们生活的基本假设坍塌了，我们会一下子陷入不知所措之中。

对创伤的适应性

前几年有一个新闻，北京下暴雨，天桥底下的一辆车被水淹了，司机在车里因为打不开车门，被淹死了。这件事引起很大的震动，因为它打破了我们对大都市安全有序的假设。谁会想到北京这样的大城市，居然会发生暴雨淹死人的事情呢？这当然是极端的例子。可是另一些困难的场景，比如失恋、离婚、失业、重病，都是我们可能遇到的事情。在遇到这些事之前，我们生活在这样的错觉里：这些苦难都离我们很远。而一旦陷入这样的苦难，我们又会陷入另一种错觉：夸大苦难的危害和影响，低估自己的适应能力，觉得自己再也没有办法复原了。

就像经历风雨的树一样，人是会适应的。基本的信念坍塌之后，艰难的重建就开始了。就像盲人的触觉会变得灵敏，一个没有手的人，他的脚会变得灵活一样，我们头脑中的认知结构也会在创伤后进行重组。在创伤的逼迫下，我们必须在这三个天真假设之外，发展出新的认知结构，否则就有可能变得怨天尤人，埋怨这个世界为什么不公平，或者变得过分敏感，用退缩来躲避可能的危险。在适应创伤的过程中，有些人发现了自己从未想过的潜能，打破了自我设限；有些人发现，只有家人和朋友才是最值得珍惜的人；有些人开始致力于帮助他人，并在自我奉献中找到了新的价值和意义。就像那棵在暴风雨里受伤的树，树疤里会抽出新的枝丫。

我想通过一个朋友的例子来说明这种适应的过程。

这位朋友是一个90后的小女生，还是个学霸。2008年5月，她正坐在六楼的教室里，准备一个月后的高考。忽然教室剧烈摇动了起来，有人大喊："地震啦！"

所有人都拼命冲向楼梯。房子像积木一样摇来摇去，墙上的墙皮都被摇了起来，变成漫天飞舞的灰尘，让人睁不开眼睛。刹那间，像是好莱坞大片里的世界末日来临一样。随着惨叫声四起，三四楼开始有人往下跳。她头顶的一盏灯忽然砸下来，在她脚边摔得粉碎。那时候，她只有一个念头：要活下去。

幸好，最后她有惊无险地逃出去了。看着摇晃的教学楼，满操场的人都在哭。到了灾后救助的体育馆里后，不停有血肉模糊的伤者和尸体被抬进去。

死亡就这样毫无征兆地呈现在她面前，以摧枯拉朽的姿势把她原先关于世界的假设推倒了。

她说，在地震之前，她只是一个普普通通的备考考生，人生最重要的事是考个好大学。可是地震发生的时候，她唯一的念头就只有活下来。

创伤经历会改变一个人的价值观。大学毕业以后，她放弃保研去创业了，又在公司刚刚步入正轨的时候离开了。她身上有了一种特别的超然气质：别的人觉得很重要的东西，比如保研、去大公司、创业赚钱等，并不能吸引她。她总觉得自己身上有一些东西需要去实现，却不知道是什么，只是地震中的经历一直在提醒她。后来，她创办了一个冥想的 App，以冥想为通道，思考我们日常的经验和存在本身，逐渐积累了一些粉丝。

我们不常见面，但是每次见面，她都会有很多新的经历和感悟。比如，去哪个山上辟谷了，去老挝体验原始的刀耕火种的部落生活之类的。因为这种洒脱，她的经历和视野有一种远超同龄人的开阔。

她很满意自己的生活。如果不是地震的经历，她不会过上这种独特的生活。

可是，地震经历的负面影响并非毫无痕迹。有一次她在异地旅游，午睡后起来，茫然四顾，忽然就哭了。"这种哭不是忧伤，"她说，"就好像整个人被毫无遮掩的虚无和存在穿透了，又好像在切切实实地感受着存在本身。"

我猜，正是这种虚无和存在的直观感受，让她不停地寻找一个答案。对于普通人来说，这个答案也许是由我们都遵守的价值评价体系提供的，但是对于像她这样经历过生死的人，这种社会价值评价体系显然并没有什么说服力，也没法给她一个答案，她只能自己找寻这个答案。而寻找答案的过程，变成了她的事业。

关于她的故事，我一直有一种矛盾的心态。一方面，她的成熟和豁达确实超过了同龄人，这让人欣慰。另一方面，对她的早熟，我也有些担心。

如果你已经知道了一些道理，就没法退回去，假装自己不知道。可是太早知道这些道理，你就来不及展开探索它的过程。你走的歪路不够多，这些道理就没有足够的内容来支撑它。比起这些道理，你知道这些道理的过程才是更重要的。

可是我们没得选。如果有选择，我想大部分时候，我们是宁可选择放弃这些精神的成长，也不愿去经历这些挫折和创伤的。就像前文的那位企业家，可能她宁愿做一个让父亲宠爱和承认的普通女孩子。可是很多事发生了，我们没得选。我们能选择的，只是当事情发生的时候，自己以什么样的态度对它——是被它击倒、逃避，还是直面苦难，把苦难熬成珍珠。

无论如何，人就是这样适应创伤的。在创伤中，关于世界的一些天真的信念坍塌了。可是，**就像一所不牢靠的房子坍塌了以后，建造房子的砖头还在，我们可以用这些砖头建起新的、更牢固的房子**。在这个过程中，我们开始重新看待生命中的选择，重新认识自己，重新在虚无中去创造能支撑我们的人生意义。

● 自我发展之问

你身上有哪些自己珍视的重要品质？这些品质和你曾遇
到的挫折或困难有什么样的关系？

故事:
如何赋予经历意义

意义感来源于人生故事

我在上一节讲到，经历，尤其是困难的经历，会永久地改变一个人。就像在暴风雨里受伤的树，身形可能会被永久地改变，还会留下很多伤疤。但是，受伤的树还能慢慢长出新的树枝，我们也会从创伤中创造出新的意义。那么，这种意义是怎么被创造出来的呢？我们是怎么组织自己的经历，把它们变成一个有机整体的呢？答案是：通过故事。

当我们想到一个人是什么样子的时候，很容易想到的就是这个人的人格是怎样的。什么是人格呢？有的人认为就是这个人是内向还是外向、讨不讨人喜欢、保守还是激进之类的。可心理学家丹·麦克亚当斯（Dan McAdams）认为，人格其实可以分为三个层次。第一个层次是基本特质，也是最低的层次，就是我们通常理解的内向外向这个层次的人格。事实上，一些心理测试、星座，都是在基本特质这个层次上的。第二个层次是个性化的应对方式。比如我们的目标、防御机制、信仰，我们在人生某个阶段的生活任务和中心。这是我们为了扮演好现在的角色，完成现阶段的人生任务发展出来的人格特质。而人格的第三个层次，也是人格最核心的层次，是人生故事。麦克亚当斯说，我们在不停地把过去、现在和未来重新编织成一个前后连贯、生动盎然的个人神话。而人生故事是我们把自己和别人区分开来最重要的特质。

人随时随地都在编织自己的故事。生活的意义感就源于我们对自己人生故事的理解。可以说，整个人生都是在完成一个独特的故事。故事开始的时候，我们并不知道它是怎么样的。有时候我们经历了一些好事，就会很高兴：哇，原来这是一个幸福美满的故事。有时候我们经历了一些逆境，就会很担心：这会不会是一个悲剧故事？我们一边当观众，一边当编剧，一边经历，一边修改故事大纲。故事影响了记忆，我们会把那些符合故事大纲的重要情节在记忆中保存下来，同时忘掉那些与故事无关的旁枝末节。故事还会影响我们怎么看待现在，怎么预测将来。

我有一个来访者，她对遇到的每个喜欢她的男生都非常戒备，觉得那些男生都在骗她。就算不是骗她，她也觉得，等他们发现了她真实的样子后，就会不喜欢她了。这就是她心里的故事：一个欺骗和背叛的故事。哪怕她其实是一个漂亮的女生，受过很好的教育，在很不错的公司工作，也仍然没法改变这个故事。而在这个故事里，她不仅给自己分配了角色，还给别人分配了角色——被欺骗的人和骗子。她总是把自己想象得特别脆弱，哪怕她已经有了很多资源，哪怕确实有不错的男生对她表示好感，她仍然会视而不见。

有时候，我们心里的故事比现实更牢固。

"挽救式"和"污染式"的人生故事

从故事的角度出发，我们就能理解逆境或者创伤究竟是如何改变我们的——它们改变了我们的人生故事。当这些逆境发生时，我们必须把它们整合进自己的人生故事里，重新创造一个故事。如果在经历了这些逆境以后，我们的目标仍然是原先简单的升职加薪，那这个故事显然无法自圆其说。

麦克亚当斯说，面对挫折，我们通常会有两类故事。

一类是"挽救式"故事。在这类故事里，通常有一个糟糕的开头，主角会遇到各种困境，但随着不断努力和探索，他会不断走出这些困境，过去的纠结可能豁然开朗。即使痛苦无法彻底消除，他也会积极地接受，去获得内心的安宁。如果我们秉持的是挽救式故事的想法，在遇到困境的时候，我们自然就会预测，自己会逐渐走出困境，从中学习到人生智慧。这个故事原型也会引导我们的行动。

另一类故事是"污染式"故事。主角最开始的生活还不错，但是现实会逐渐把原先不错的生活打破。他会遇到各种麻烦，麻烦就像污染源一样，污染原先的生活。而他自己对此无能为力，一步错步步错，最终在悔恨中怀念过去。

如果我们秉持的是污染式故事的想法，身处顺境的时候，我们会担心好日子长不了，会有糟糕的事情来终结这一切，所以不敢好好享受；身处逆境的时候，我们可能会觉得，命中早已注定的倒霉事果然来了，转变带来的焦虑和迷茫都会变成证明自己无助的线索。这时候，我们就很容易陷入悲观和沮丧当中。

安东尼·波登（Anthony Bourdain）是一位很著名的美食家，他曾在随笔集《半生不熟》里写过这样一段话："我早在20岁就该死了。但突然在40岁的某一天，我发现自己火了。50岁的时候，我有了一个女儿。我感觉自己像偷了一辆车，一辆特别特别好的车，然后我每天都在看后视镜，总觉得自己会随时撞车。只是到现在，还没撞上而已。"显然他心里有一个典型的污染式故事。

而我看到这段话，是在2018年6月的一篇缅怀他的文章里——他自杀了。

改变人生故事

怎么从污染式的故事变成挽救式的故事呢？故事并不在我们之外，我们也没法根据是否有好处来随意捏造故事。但是，我们可以重新赋予事情以意义，把它变成另一个故事。当然前提是，讲故事的人本身相信这个故事。

我在浙大的时候，曾遇到一个来访者，他因为看了我的一篇关于"浙大病"的文章来找我。这篇文章写的是很多考到浙大的同学心里有一种奇怪的挫折感和失败感——他们都觉得自己本来应该去清华、北大。他就是这样，原来铁定是要上北大的，结果错过了奥数的选拔。加上那年的高考数学题目太简单，他虽然拿了满分，却没能拉开跟其他人的差距，只好来了浙大。他在浑浑噩噩中度过了大一的时光，终于在大二振作起来，准备好好学习。结果去医院检查时，发现自己得了骨癌。对于一个年轻人来说，这是一个太重的打击。他一直感叹为什么这些不幸的事会落到自己身上。

当时，他每个月都要去医院做例行检查。只要想到又要去检查，他整个人就会焦虑得直冒冷汗。检查完没事的话，他能放松几天。直到下一次检查前，一切周而复始。

那段时间，我只是在咨询室里陪着他，听他说自己的事。我听他讲在癌症病房里遇到的各种关于生死的事，听他讲那些在病房一起合影的病友是怎么一个个消失不见的，听他讲病人要怎么决定是锯掉一条腿还是停止治疗，接受死亡的命运。所有故事都是那种功败垂成的污染式故事，这给了他很多负面的暗示。我自己的价值观也受了影响，觉得跟这些事比起来，我所烦恼的事情不是那么重要了。

后来我离开了浙大，有一段时间，我们失去了联系。在2016年，我收到他发的一封邮件。他说他毕业后去了一家基因公司实习，起因是他看到斯坦福大学关于机器学习的公开课，里面的老师说："如果有一天癌症被人类攻克，我相信机器学习一定扮演了重要的角色。"

这句话在他心里埋下了种子。他拼尽全力学好数据挖掘的本领，从事这方面的工作，希望有朝一日能用所学本领对抗癌症。为此，他拒绝了所有大公司的offer。当一家公司的HR问他："你把所有的offer都拒绝了，万一后面没offer了怎么办？"

他回答说："很抱歉，我这一生都不会再给自己留后路了。"

对于癌症这种重病，死亡的焦虑会一直给人无形的压力。现在，他找到了一个有形的敌人，并终于找到了自己能够对付它的方法。这帮助他从对抗疾病的无助中走了出来。

那时候他去复查，医生说他已经撑过了3年期，复发的可能性大幅降低。复查的频率从1个月1次变成了3个月1次。

后来，我又见到了他。我问他怎么样，他说工作得挺开心，就是疾病的阴影还在。不久前，他一个人去跑了马拉松，而且是"全马"。家人和朋友都很担心，劝他不要去，或者至少不需要跑完全程，可他就是想去。他没法战胜身体的疾病，可是他想战胜心理的疾病。"癌症病人"这个标签，给他带来了太多的焦虑和压力。他就是想证明，自己不再是一个病人，甚至能比正常人做得还多。

马拉松自然是艰苦的，可一直有一股力量支撑着他向前。最后一段路程要经过一个隧道，隧道很黑，他两条腿都抽筋了，心里很害怕。可是他跟自己说："我绝不能停在这里，就算爬，我也要爬过终点。"

后来他就拖着抽筋的腿，一步步挪到了终点。挪过终点的那一刻，他哭得很厉害，好像那些疾病、那些痛苦的过去、那些日夜不眠的焦虑，都被抛到了终点线后面。

跑步已经不只是跑步，而是变成一种象征，象征着他和疾病的战斗。这种象征编入了他的人生故事，获得了某种真实。最重要的是，这个故事已经不再是一个关于功败垂成的污染式的故事，而是变成一个人历尽艰辛战胜自我的挽救式的故事。这是他全部努力所追求的意义。

2018年7月是他检查的5年期，5年是一个大限，如果这次检查没事，以后他就不用去医院复查了。我一直在心里惦记着他，并坚信他一定会平安无事。

一天，我收到了一条短信。他说："老师，我通过检查了，向你报个平安。我觉得自己像是做了一个很长很长的梦，现在，我醒了。"

我很为他高兴，可是不知道怎么的，眼眶湿润了。

● 自我发展之问

你觉得自己的人生是一个什么样的故事？这个故事是挽救式的还是污染式的？

在你的故事里，你所遇到的挫折和困难意味着什么？

如果用挽救式的故事和污染式的故事来理解第二章关于心智模型的内容，你会有什么新的发现？

英雄之旅:
自我是如何进化的

虚假又真实的英雄故事

人是通过编织自己的故事，来应对艰难的时刻，完成转变的。可是，在转变的迷茫期，我们并不知道自己的故事是怎么样的。而且，就算我们想自己编一个正能量的故事，激烈的消极情绪也很容易把我们带走，让我们相信自己经历的就是一个很糟糕的故事。有没有什么材料能够帮助我们理解自己身上发生的事，变成我们编织自己故事的线索呢？有，就是英雄故事。

虽然你从小到大看过很多英雄故事，可是也许你会想，那些故事不都是假的嘛！当然，《哈利·波特》这类故事虽然好看，但任何一个成年人都不会把它当真。毕竟谁都不会指望弄个咒语来解决生活中的难题。

既然故事是假的，那它怎么能帮到我们呢？

其实，这些故事既是假的，也是真的。

从剧情上看，这些故事当然是虚构的。可是当我们看到哈利·波特从一无所知的邻家小男孩成长为高明的魔法师，从处处被保护的孩子成长为能够战胜强敌的领袖时，我们知道这些转变过程是真实的。

人是用故事思考的动物，我们也会从故事中学习转变的历程。

英雄冒险的故事就很特别。研究神话的学者约瑟夫·坎贝尔（Joseph Campbell）有一段时间在世界各地搜集神话故事。他发现，无论在非洲的部落、亚洲的寺庙，还是在现代的都市，流传的英雄故事都有相似的内核，那就是转变。于是他写了一本书，叫《千面英雄》。在这本书里，他讲了一个英雄需要经历的三个阶段：启程、启蒙和回归。这三个阶段正对应了人们应对人生重要转折的心理历程。我想把这三个阶段放到日常的生活中，来分析它们是怎么发生的。

英雄故事的三个阶段

1. 启程

在英雄故事的最开始，我们会听到一些召唤，就像我们在工作或关系中觉得疲惫时，偶尔在心里升起的关于改变的念头。这些召唤提醒着我们，某些重要的东西正在从心里消失，某种已有的力量正在衰退，或者某些伤痛需要疗愈。而在故事的开始，我们对这些召唤的感觉是陌生的，甚至是排斥的。因为这些召唤挑战了我们对日常生活的假设，也挑战了我们对自己的认知。我们会把这些召唤当作偶尔的异想天开，想要忘掉它们。可是，这些召唤总是在我们心里挥之不去，好像在提醒我们该有的宿命一样。

慢慢地，我们不再抗拒召唤，开始认真考虑它们，虽然这通常意味着巨大的变动、麻烦和危险。最终，我们克服了对变化的恐惧，决定顺应召唤，勇敢上路。

2. 启蒙

如果启程阶段意味着从日常的生活中离开，启蒙阶段则是在一个超自然的世界中冒险，并让我们获得成长的过程。

从决定走上这段冒险之旅开始，我们就跨越了一个神秘的门槛。以前的世界消失了，现在面对的是一片充满未知、危险和希望的全新领域。跨越这道门槛，意味着我们已经走出了心理舒适区。困难、挑战、痛苦、危险、未知和巨大的不确定性，都纷纷到来。原来的思维模式和行为习惯在新世界完全派不上用场了，我们必须学习新的思维和习惯模式。跨越门槛同时意味着，就算想回去，我们都回不到原来的地方了，必须勇往直前，寻找出路。

幸运的是，在这段旅程中，我们一般会找到一个特别的守护者。所有的英雄故事，比如《魔戒》《哈利·波特》或者漫威故事，里面的主人公都会有一个指点和保佑他的守护者，我们的旅程也是如此。这个守护者也许能在情感上支持我们，也许能给我们提供自己不具备的知识和技能，也许了解我们要走的旅程。有时候，守护者是一个现实中的人，有时候守护者可能只是一个令人敬仰的榜样、一个神话里的人，甚至可能是一本书或者一门课程。当然，旅程仍然是我们自己的，没有人能帮我们走。可是，这些守护者能让我们更充分地理解自己身上发生的事，更清楚地理解自己的使命是什么。而我们需要建立起跟守护者的联系，感觉到他们的存在，这样我们才会在旅程中走得更加坚定。

积累了这些能量以后，我们就要开始面对故事的反派，即命中注定的敌人——恶龙了。在很多英雄故事里，英雄并不是要战胜或者消灭这些恶龙，而是要转化它们。坎贝尔说，最初我们会认为这些恶龙是外部的，是和我们作对的敌人，比如，不顺利的工作，苛刻的老板，总是打麻将不回家的丈夫。可是慢慢我们发现，问题并不在外面，而是来自我们内心。

恶龙最终只是一股既不好也不坏的力量。是我们自己的贪心、傲慢、恐惧和胆怯，是我们头脑中太多的应该思维，映射在它们身上，把它们变成了恶龙。而与恶龙的战斗就是为了让我们看清自己的弱点，并让我们意识到，不是其他人有问题，而是我们和其他人的关系出现了问题。当我们意识到这一点的时候，恶龙就不再是恶龙，而变成我们能够利用的能量。

如果一个人在和恶龙的斗争中战胜了自我，那他就会发展出新的自我、新的资源，学习到新的技能、新的思考方式。最终，他会收获信心和智慧，不再是那个刚跨过门槛慌慌张张的少年了。这个阶段充满了挣扎、奉献和斗争，会引导我们去创造新的认知、新的资源。这个过程可能很艰难也很漫长，可是我们从中收获的东西是原先根本没法预料的。在跟恶龙的斗争中，自我跃升到了新的层次。可以说，我们会变成一个全新的人。

3. 回归

在这个阶段，英雄完成了他的使命，要回到他出发的地方，把他在旅程中学到的东西分享给那些等待出发的人。如果别人愿意，他会在别人的旅程里变成一个守护者。

坎贝尔认为，英雄之旅的三个阶段——启程、启蒙和回归，具体来说，是一个包括听到召唤、投入召唤、跨越门槛、寻找守护者、面对和转化恶龙、发展内在的自我、蜕变、带着礼物回家的旅程。

英雄之旅是自我发现的旅程

英雄之旅讲的就是我们每个人面对转变的心理历程，这才是我们热爱这些英雄故事的原因。这些形态各异的虚幻故事里，有我们想要的真实。就像我在前文提到的离开原始部落的青年一样，在最迷茫的时候他需要唱部族长老传授的圣歌，而英雄故事就像圣歌一样，一直在提示我们会经历的转变。

故事是一个中介，它告诉我们未来会经历什么样的转变，现在正处于什么样的阶段，最终会往哪个方向走。通过这些英雄故事，我们把自己的经历和历史文化传统联系在一起，把自己的人生和那些曾经走过这条路的英雄们联系在一起。每个人都从这样的英雄故事里吸取力量，又用自己的独特旅程给这些英雄故事增加新的力量。正是这样，这些故事才获得了一种文化上的真实。英雄故事的本质不是战斗，也不是英勇的行为，而是我们每个人都会经历的自我转变和自我发现的旅程。只不过有时候，我们只把它们当成故事，才没有看到这些故事真正想传达的东西是什么。

坎贝尔关于英雄之旅的论述对我自己有一些特别的意义。看那本书的时候，我刚从浙大辞职。一方面，我既焦虑，又迷茫，不知道这样的事情为什么会发生，以为自己犯了大错。另一方面，我觉得发生在我身上的这些事情是很重要的。是英雄之旅的故事，帮我发现了这段旅程的意义。

当然，我并不是说自己是英雄。实际上，在英雄之旅的故事里，所谓的英雄只是一些接受生命召唤，进入不平常境遇里的普通人。更何况，我这么做是为了自己，其中并没有什么英雄故事里常有的牺牲的内涵。

从那以后，经常有人来问我关于选择的问题，还有人问我是否后悔辞职。在我刚刚经历跨越门槛阶段的时候，这样的问题让我很痛苦。可是现在，我可以很坦然地说："不后悔。"

人不会为自己要走的路后悔，只会为自己没有响应召唤后悔。这就是我要走的路。

其实，路往哪里走不是最重要的。我是从体制内出来，变成自由职业者。还有些人在体制内，辛苦地找到了自己的位置；有些人继续坚持一开始就在奋斗的职业道路，还有些人进行了艰难的转行；有些人克服了对亲密关系的恐惧结了婚，还有些人离开了一段不适合自己的关系。没有什么路是一定的，重要的是，我们在借着走这些路修炼自己。就像坎贝尔说的，归根结底，所有的英雄之旅都是自我发现的旅程。

祝你早日踏上自己的英雄之旅。

● 自我发展之问

如果你的人生是一个传奇故事，你希望自己最像哪部小说或电影的主人公？它是一个什么样的故事？你希望这个故事未来会如何发展？

绘制人生的地图

第五章 CHAPTER FIVE

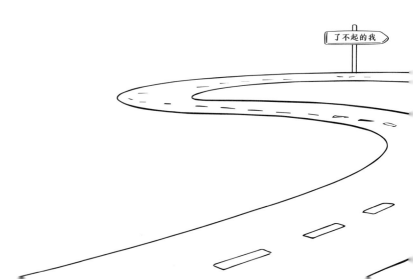

了不起的我

自我发展并不只是外在的，同时也是心理的。按照心理学家爱利克·埃里克森（Erik Erikson）的理论，我们在人生发展的每个阶段，都会遇到一个心理上的危机。如果顺利度过这个危机，我们就会获得一种新的、更成熟的心理品质，人生也会顺利进入下一个阶段。如果没有度过这个危机，它就会在下个阶段重现，提醒我们补课。

　　我会从人生阶段的视角，来帮你重新理解自我和自我发展，理解在特定的人生发展阶段，人所面对的特定矛盾是什么，以及人如何通过超越自我中心倾向，不断扩大自我的范围，走向更开阔的人生。

人生阶段：
如何突破自我中心

人生阶段是自我发展的背景

也许你已经发现了，从行为的发展、心智的发展到关系的发展、转折期，我们看待自我和自我发展的视角，逐渐从微观、具体变得宏观、抽象。如果延续第二章关于"局部知识"的说法，在我们讲行为、心智、关系和转折期的时候，我们并没有讲一个显而易见的事实：对于个人来说，很多转变经常发生在某个特定的人生阶段，如果我们要理解这种转变的困难，也需要结合所处的人生阶段来考虑。

在第三章关系的转变中，我介绍过解决关系难题最重要的原则，是分清什么是你的事，什么是我的事，遵循课题分离的原则。可就算是课题分离，对不同发展阶段的人，也有不同的含义。对儿童来说，和父母的联结就是他们的天性，他们需要从与父母的联结中获得安全感。对一个刚刚离家的年轻人来说，他的困难也许在于怎么放下对原生家庭的依恋和担心，去寻找自己的人生伴侣。而对于孩子即将离家的中年夫妇来说，他们的困难就变成怎么放开孩子，去寻找自己的生活。

同样，虽然我在第四章的转折期里介绍过，人在转折期的心理历程很相似，但是，对于身处不同人生阶段的人，转折有不同的含义。同样是关系的丧失，青年期的失恋、中年期的离婚和老年期的丧偶，对人生发展的意义是不同的；同样是职业转变，年轻时尝试各种职业、中年期的职业转型和退休后找些不同的事做，它们对人的意义也是不同的。

所以，关注自我和自我发展的时候，不能忘了我们所处的特定的人生阶段这个大的背景。

每个人生阶段，都面临着特定的人生发展课题。比如，很多人会在20～35岁的青年期结婚生子，巩固职业发展；在35～60岁的中年期养育后代，培养新人；在60岁以后的老年期面对退休和衰老的问题。这些人生课题，既是生理规律，也是社会规律，更是心理发展的规律。从这个角度出发，可以说特定的人生阶段和相应的人生课题是自我发展的背景和前提，而行为改变、心智改变、关系改变和转折期，是这个大的人生课题下的子课题。

人生阶段与人生课题

到底什么是人生发展阶段的课题呢？

传说狮身人面兽斯芬克斯（Sphinx）会用一个著名的谜语刁难过路的行人。这个谜语是：早晨用四只脚走路，中午用两只脚走路，晚上用三只脚走路，猜一动物。如果行人猜不出来，就会被它吃掉。最后是英雄俄狄浦斯（Oedipus）参透了这个谜语——答案是人，才杀死了斯芬克斯。

这个谜语本身并不难，可是它背后的"人是怎么发展的"这个真正的谜题，却仍然很难参透。想想我们的一生，除了体型的变化，在心理上要经历怎样的变化，才算得上是成熟了？我们是怎么从一个孩子，逐渐成长到能够负担起人生责任，并开始教导自己的子女的？我们又是怎么从幼稚青涩的初恋，发展到能够和爱人建立起深厚而亲密的关系，分享自己的人生的？最后，我们是怎么把经历的岁月变成智慧，并能坦然面对死亡的？

无数的问题，都隐藏在"人的发展"这个难题背后。有很多心理学家试图解答这个难题。其中最著名的，是心理学家爱利克·埃里克森的理论。根据他的理论，在每个阶段，人都有需要面对的矛盾和需要完成的人生课题。如果我们顺利完成这一阶段的课题，就会获得一种宝贵的品质，就像收集到一颗龙珠一样。如果没有完成，这个阶段的课题就会在下一阶段以不同的形式和面目重新出现，提醒我们补课。

那么，人生每个阶段需要面临哪些课题呢？完成这些课题最大的阻碍在哪里呢？怎么才算顺利完成这些课题呢？

突破自我中心

心理学家乔治·范伦特（George Vaillant）说，从青春期获得稳定的自我，到建立亲密关系时变成两个人，再到更广泛的职业联系、关心下一代，甚至是更大的人类共同体，自我发展的过程也是自我范围不断扩大的过程。大体上它可以分为两个阶段。从青春期开始的人生的前半段，是收集的阶段。我们收集了稳定的自我、亲密关系、职业认同和与之相伴的成就、声望、尊重。到了人生的后半段，我们开始进入分发的阶段，把前半生收集的东西分发出去，去关心自我以外的他人，关心我们的下一代。我们会从对下一代的繁衍中获得人生意义，获得一种新的可能性。否则，我们的生命就会陷入停滞的状态。每一阶段的自我发展，都需要我们克服某种形式的自我中心。只有这样，自我才能从原先的小我中走出来，迎来更大的格局。可以说，**自我发展的过程，就是破除我执，从小我走向大我的过程。**

接下来，我会从青春期、成年早期、中年期和老年期四个阶段来介绍人生特定阶段的发展课题。我会着重介绍每个阶段蕴含着怎么样的矛盾和障碍，这些矛盾与障碍背后有怎样的自我中心倾向，以及克服这种特定的自我中心倾向可能的出路。

● 自我发展之问

你正处于哪个人生发展阶段？在这个阶段，你的主要人生发展课题是什么？它跟你目前想要改变的事情有什么关联？

青春期:
如何确立身份认同

最重要的任务：寻找身份认同

青春期的时间长短不一，埃里克森认为青春期是 12~18 岁之间，也有说法认为是 35 岁之前。我觉得现代人的青春期普遍长一些，取个宽泛的年龄范围，一般在 15~25 岁之间。这个阶段最重要的任务就是身份认同。

身份认同也被称为同一性。这个概念的含义很复杂，我们可以这样理解，当一个人获得了身份认同之后，他就对"我是谁"这个问题有了一个相对确定的答案。

为什么寻找身份认同会成为青春期最主要的发展课题呢？因为青春期本身充满了矛盾，是一个断裂的过渡时期。在生理上，处于青春期的人要面对陌生的、逐渐成熟的身体和强烈却羞于启齿的性欲。在家庭关系上，他们一方面还依赖着自己的父母和家庭，另一方面开始尝试脱离家庭，为自己争取独立的空间。在社会上，他们一方面开始参与社会，另一方面其实对社会一无所知。

青春期是从孩子到成人的过渡期，在这个时期，自我中有很多新的部分会冒出来。要整理出关于"我是谁"这个问题的答案，就变得分外困难。可是，只有对这个问题有一个初步的答案，孩子才能真正参与到成人社会中，否则就会一直是个长不大的孩子。

在这个阶段，阻碍我们发展的障碍，是我们对自我形象的过度关注，以及对他人评价的过分在意。

大部分青春期的孩子都会变得非常自我。有一个比喻很形象，说处于这个阶段的人就像生活在舞台的聚光灯下，觉得自己的一举一动都在受到别人的关注和评论。一方面，他们很在意自己的容貌、才能，想要变得更好；另一方面，他们对这种"在意"本身又带着某种羞愧。

我有一个上高中的来访者，总觉得自己不漂亮。她一个人在寝室的时候，会偷偷学化妆、照镜子。可是化了妆以后，她一定会卸干净，生怕别人知道她爱美。

还有一个青春期的来访者，因为学业压力大，不想去上学。他担心如果自己努力了，学习成绩还不好，别人都会觉得他蠢——这是典型的僵固型思维的特征。

我说："你能不能说说看，究竟谁会说你蠢？你最怕谁说你蠢？"

他愣了一下，说："所有人，所有人都会说。"

一方面，他生活在别人的目光里，觉得别人都在评价自己；另一方面，这个"别人"是非常笼统的，是他自己想象出来的。看起来他很在乎别人的评价，实际上，他对别人真实的想法根本不感兴趣。他关注的还是他自己。

正是因为我们不知道自己是谁，才需要从别人的评价中拼凑出自我的形象和概念。越是找不到这个问题的答案，我们对自我的形象就越执着。

这种假想的聚光灯下的生活压力，会带来两种典型的反应。

一种反应是对社会标准非常顺从。既然别人的评价很重要，那我就按别人的评价来；既然别人觉得成绩好很重要，那我就努力学；既然别人觉得金融专业好，那我就去学金融专业。他人的评价就是自我价值的标准，也是选择的标准。如果我得到了别人的赞扬，我就很骄傲；如果得不到，我就很自卑。可是，顺从他人的评价，是无法发展出坚实的同一性的，只会把自己变成特别听话的孩子。

另一种反应是对社会标准非常反抗。很多青春期的孩子是通过反抗父母来宣示自己合法的成人身份的。父母觉得应该好好学习，我偏不学；父母要我循规蹈矩，我偏不听话。这些反抗"大人世界"的人会聚在一起，相互取暖，形成一些奇特的青春期的亚文化。成人越是批判这种亚文化，越是表示看不惯，就越增强了这种亚文化的生命力。因为处于青春期的人就是想要通过坚持特立独行，来告诉成人"我与你不同"，从而确认"我是谁"。

可是，"不同"之后呢？刻意的反抗还是会变成另一种在乎，因为他们要确认的价值还是建立在他们反对的东西基础上的。所以，顺从和反抗是同一种东西的两个侧面，在这个基础上是无法建立起自我身份认同的。

确立身份认同的标志

那身份认同最终是怎么确立的呢？获得这种身份认同的标志又是什么呢？

我曾接待过一个处在青春期的来访者。最开始我见到他的时候，他穿着一条有很多破洞的牛仔裤，脚上是高帮的牛皮靴，裤子和靴子上缀着很多亮闪闪的金属片，留着长发，像个摇滚歌手。他跟我讲了很多他对这个社会的愤怒。比如，他觉得周围的大人都很虚伪势利，只知道让他好好学习，却从不关心他是什么样的人；他爸妈希望他有出息，可是他觉得学习工作、买房买车之类的事情毫无意义。我问他将来想做什么，他犹豫了一下，说想去学艺术。学艺术是很多年轻人逃避生活的借口，所以当时我没太当真。

后来，我们的咨询就中断了。我第二次见他是在三年以后，他已经在国外的一所艺术院校读书了。他穿着一件白色的T恤，是校服。长头发还留着，但是已经扎起来了，很有艺术家范儿。他想问问我有什么减压的方法。

我很奇怪，问他这几年经历了什么。原来，他爸看他不上进，就送他去学画画了，觉得这是考学的一个捷径。学画画的过程中，他遇到了一位美术老师。这位美术老师的人生经历很坎坷，从农村一步步奋斗，才变成一位小有名气的老师。他很佩服这位老师，老师对他也很好，坚信他很有才华，并鼓励他好好学英语，去考美国的一所艺术院校。老师跟他说："你现在觉得孤独，就是因为身边没有像你一样有想法的年轻人，等你去那个学校就好了。"老师还说："艺术家都会想很多的，关键是要学习表达自己的方式。"

在成长的过程中，遇到这样的老师是非常重要的，他会让我们找到人生的榜样。

学了一年多美术后，他真的去了一所艺术院校学设计，遇到了很多和自己相似的年轻人。这些特立独行的年轻人让他找到了归属感。同时，他开始认真地学习专业，参与竞争。他来找我咨询，就是因为学业压力很重，经常做功课做到半夜两三点。

我问他："你不是觉得这个社会不公平吗？不是觉得学习和工作没什么意义吗？那干吗这么努力？"

他好像忘了这事儿，说："是啊，是很不公平，可是我只管做好自己的事情就好了。"

这句简单的话代表他思维上一个重大的进步。他以前幻想的那些类似"社会不公""成人世界的虚伪"的敌人轰然坍塌了。从今以后，就算还有敌人，也是类似"功课繁重"这类真实的敌人。

"社会是不公平，可是我只管做好自己的事"这句话表明，他已经意识到两个重要的道理。首先，他的人生需要他自己负责。就算他再埋怨社会不公平，再反抗社会，都改变不了这个事实。其次，就算他对主流社会的价值观有不满，也不需要说出来，只要做好自己的事就好了。这时候，他发展出一种难得的能力——能够容纳矛盾，并在这种矛盾中发展出对自己的忠诚。这种忠诚是很坚实的，不需要通过顺从和反抗来确认，只需要容纳这种矛盾就可以了。

我认为，一个人获得身份认同的标志，就是对自己负责以及学会容纳矛盾。

那么，他是怎么建立起这种身份认同的呢？首先，在学习艺术的尝试中，他逐渐发现自己的某些才能，并获得了信心；其次，他有一位好的、能欣赏他并能被他视为榜样的老师；再次，有一群价值观相似、能够包容他自我探索的同伴。这都是建立身份认同的条件。获得了稳定的身份认同以后，他就不会过度地关注自我，过度在乎别人的评价，而是逐渐克服青春期的自我中心，开始参与真实的成人社会。身份认同能够帮助我们从假想的被评价的关系中解脱出来，获得一种自我认可的能力。因为这种自我认可的能力，我们和别人的关系就变得更平等了。

在咨询结束的时候，我跟他握了握手，说："欢迎来到成人世界！"

● 自我发展之问

回忆你的青春期，是否也曾有过类似别人都在关注我，或者我不知道自己是谁、未来在哪里的困惑？

你是怎么克服过度自我中心倾向，并逐渐找到"我是谁"的答案的？

成年早期:
如何建立亲密关系与职业认同

建立亲密感是重要里程碑

结束了青春期以后,我们就进入了成年早期。成年早期通常指的是25~35岁之间。在这个阶段,我们已经建立起身份认同,有了一个相对稳定的自我。可是这样就够了吗?并不是。一个人总是孤独的,我们需要寻找爱人,通过跟爱人分享自我来克服这种孤独。这就是成年早期的核心课题:建立亲密感。

亲密感的建立是自我发展的一个重要里程碑。这意味着生活里不只有我们自己,还有别人。从某种意义上说,亲密感的建立意味着我们的自我扩大了,爱人就是我们自我的延伸。有时候,这种延伸会弥补我们的自我缺陷。

著名心理学家和哲学家威廉·詹姆斯(William James)年轻时有抑郁症,他思考了很多哲学问题,也尝试学过很多学科,想帮助自己摆脱抑郁症。

不过，最终把他从抑郁症中拯救出来的不是哲学理念，也不是某一个学科，而是人。

34岁的时候，他结婚了，这让他结束了过度的自我反省。他从稳定的感情中寻找到一种从未有过的平和。从此，他的学术生涯进入了一个高产期。无论是他的思想，还是他的情绪，都变得更加成熟。

可见，哲学家和心理学家也没法靠学问拯救自己，最后还是得靠亲密关系。

为什么亲密关系的建立对自我的影响会这么大？也许有人觉得，这是因为两个人可以相互照顾。这个观点有一定道理，可是，相互照顾什么呢？

在关系里，我们总是在扮演某个特定的角色。可是在亲密关系中，我们的角色是最特殊的。亲密关系允许我们暴露自己的脆弱，并把自己的脆弱托付给对方。有人说，亲密关系就是一个人能在另一半面前觉得很自在，不需要什么伪装，也不用担心他（她）会怎么想。

当这些脆弱的部分能够在亲密关系中被接纳时，它们就不再是我们需要藏着掖着的秘密，不再是我们需要从自我中排斥的部分了。它们会被整合到自我的概念里，让我们更能接纳自己，让我们变得更完整。这是对自我身份认同的深化，是一种更深层次的照顾，这比身体上的照顾更重要。

自我中心的三个体现

可是，要获得这种亲密感，需要我们克服三个发展障碍，也就是这个阶段的三个自我中心倾向。

1. 害怕不被接纳

在建立亲密关系之前，几乎所有人都会有这样的疑虑：这段关系安全吗？如果他（她）看到我真实的样子，还会爱我吗？我会不会被抛弃？建立亲密关系，意味着要把自己托付出去，依赖别人、信任别人。这也意味着，我们给了别人伤害自己的权力。害怕托付和依赖，就是一种自我中心。

我有一个来访者，已经单身很多年了。她一直有一个根深蒂固的信念，觉得不会有人真的喜欢自己。所以每次遇到新的异性，她都会想：我会不会做错了什么？他会不会讨厌我？这让她觉得很累。这种过度的自我关注是身份认同不稳定时的特征。

有一次咨询，我让她回忆和异性交往中轻松的片段。她说大学的时候有个师兄非常好，跟很多人都聊得来。有时候他们会一起吃饭，去操场散步。可是每次散步回来，她都会想：这不是我好，是那个师兄好。他只是为了照顾我，才跟我走走。如果知道我是怎么样的一个人，他不会真的喜欢我的。她在用这种方式扭曲她的经验，来维护"我就是没有人喜欢"的核心信念。而这个信念保护她远离人群，变成她建立亲密关系的障碍。

还有一个来访者跟我说："我从来不敢在异性面前展示真正的自己。看起来我很体贴，别人也觉得我不错。可是我很累，很怕在别人面前露出马脚。如果别人看到我真实的一面，估计就会离开我。"

"真实的一面"是什么呢？他并不是什么隐藏的变态杀手，所谓的真实一面无非就是"脾气不好""没那么自信"之类的事情，可是他觉得别人没法接纳。这样一来，他就把恋爱变成一个"藏和躲"的无间道游戏。一旦他觉得女孩子流露出一些不满，他就会很恐慌，会解读为这个女孩已经发现了他的真面目，然后转身离开。

"我很擅长在别人抛弃我之前先抛弃她们。"他略带悲伤地说。

觉得自己有不能为人知的另一面，几乎是每个人共有的秘密。只有勇于尝试，我们才会发现，这个所谓的秘密其实并没有那么危险。

2. 害怕承诺

亲密关系是排他的，这就意味着，一旦建立起亲密关系，我们就不能跟别人发展类似的关系。无论我们多欣赏对方，人生都会因此失去一些可能性。几乎每个处于亲密关系中的人，都会有这种疑虑：这就是我这辈子要在一起的人吗？他（她）可是有很多缺点啊！所以很多人会恐婚。因为害怕失去某种可能性而害怕承诺，是另一种自我中心。

有一个来访者和女朋友已经相处了一段时间，女朋友想跟他结婚。他很焦虑，苦思冥想该怎么办。有一天，他去参加一个聚会，遇到了一个很漂亮的姑娘，觉得豁然开朗：我将来就是要找一个更漂亮的女朋友，所以现在不能结婚。

"找个漂亮女朋友"的幻想保留了承诺外的可能性，他的心反而安定了下来。女朋友让他去见家长，他就去了。他心里想的是：反正我不结婚，反正我要找一个更漂亮的女朋友。

我就问他："你到底是想找更漂亮的女朋友，所以不想结婚，还是单纯害怕跟现在的女朋友走得太近，害怕承诺呢？"他想了想说："都有吧。我现在可以看看书，学学东西，玩玩游戏，万一结婚了，我担心一点自己的空间都没有了。而且，结婚牵扯到两个人的家庭，我想想就害怕。"

除了害怕承诺，他其实还提到获得亲密感的第三种障碍——害怕"被改变"。

3.害怕"被改变"

有人跟我说，单身久了，都不习惯找对象了。一个人想吃什么，自己可以做；想玩什么，马上就可以玩。如果有了对象，还要照顾对方的情绪，要找两个人都合适的活动。别说玩会受限制，连学习的时间都没有了。这种说法没错，亲密关系会挤压自我的空间，我们一定会牺牲某些自主性。而且，亲密关系会改变我们的生活习惯、品位、情感表达。从关系的互补角度来看，亲密关系是可能把我们塑造成系统需要的样子的。所以有些人觉得一个人更自由，很容易理解。

害怕不被接纳、害怕承诺和害怕改变自己，这三种不同形式的自我中心，成为我们建立亲密关系最大的障碍。有时候，因为孤独，我们需要在一起；因为疑虑，我们不能真的跟对方分享心里的秘密。作为一种折中的解决方案，我们就彼此戴着面具，一起配合扮演一段亲密关系。在这样的关系中，人们假装亲密，却各自孤单。有些人会出轨，有些人会物化对方，把关系变成一种利用、占有或者寻找刺激的途径。可是内心的空虚和孤独会告诉他们，他们并没有完成人生的重要课题。

建立亲密关系的方法

那么，怎么才能真的建立起亲密关系呢？

对于这个问题，很难有一个简单的答案。有些人是遇到了一个特别爱的人，热恋的冲动战胜了对亲密关系的恐惧，然后再慢慢学着两个人如何相处；有些人是遇到了一个特别有安全感的伴侣，无论自己如何焦虑恐惧，对方都对关系抱有积极的期待，慢慢地，他们自己也形成了新的安全依恋；还有一些人，是在分分合合中小心翼翼地探索亲密关系的边界，并最终发现对方已经成了自己不可分割的一部分。

虽然对于怎么建立起亲密关系，没有一个简单的答案，但是对于怎样才算获得了发展亲密关系的能力，我却有一个简单的答案。那就是，能够发自内心地作出承诺：

"我承诺，即使会受伤害，我也愿意投入地去爱。"

"我承诺，即使错过可能性，即使你不完美，我也愿意去爱你。"

"我愿意为我们俩的关系负责，我愿意接受关系的种种限制。"

有了这种承诺，亲密关系看起来仍然会有种种限制，可是因为这种承诺本身是自主的，这种限制也变成了一种自由选择。这时候，限制就不再是限制了。

这种承诺当然不是形式上的，而是发自内心的。如果你完成了这种承诺，那你就完成了人生这个阶段的课题，由此获得了一种宝贵的品质——爱。这种承诺本身，就是爱的形式。

也许有的人会想，我也想作这样的承诺，可我怎么才能保证自己不会受伤害呢？我怎么才能知道哪个人是对的人呢？其实，承诺本身对对象的依赖程度远比我们想象得小，它更多是一种心理上的课题。当然，这并不是说随便找一个人就可以，我们还是需要找有感觉的人。可是，不是我们先找到对的人，才作出承诺。很多时候，是我们先作了这样的承诺，这个人才变成对的人。在这种承诺中，我们学到了深刻的托付、联结、责任和信任到底是怎么回事，我们的自我从一个人变成了两个人。这会深化我们的自我身份认同。就像我另一个朋友说的："我知道爱可能会带来伤害，可是，我不能因为害怕伤害就不去爱啊！"

当一个人这么说的时候，他已经完成了亲密对孤独的人生课题，并拥有了爱的能力。因为他的爱不再受假想的伤害限制了。

当然，关系的承诺不是一劳永逸的。有时候你确认过眼神，觉得那是对的人，过一段时间，又觉得不是对的人了。可是，就算关系有变化，你在关系中获得的承诺和爱的能力，是不会轻易消失的。

我曾问过一个朋友，什么时候她觉得自己是爱过的。她说："有一次我们一起去玩真人CS，我和他一队。他被一队人堵在一个角落，我端着枪就冲上去了，脑子里什么都没想，就是想要救他。我想，如果那是真的战场，对方拿的是真枪，我也会冲上去的。"

她接着说："后来我们结婚了。然后，我们离婚了。不过我不后悔，爱过总比没爱过要好。我是幸运的，至少我爱过。"

我觉得她爱人的能力，一直都在。

职业认同与亲密关系

建立亲密关系的同时，成年早期还有一个重要的人生课题，就是怎么找一个适合的职业，确立职业认同。

在某种意义上，确立职业认同的困难与建立亲密关系的困难很像。工资、福利这些外在的东西，相当于爱人的颜值，而我们在工作中的感受，相当于在关系中感觉到的亲密感。在亲密关系中，颜值高固然好，但真正关键的是两个人是否能够建立起分享彼此的亲密感。同样，工作中真正让我们觉得幸福的，是我们是否认同所做的事情。寻找职业认同和寻找真爱的过程也很像，其中的困难既包括怎么找合适的目标伴侣或者工作，也包括怎么克服对完美的幻想和对失去可能性的焦虑，作出自己的选择和承诺。就像稳定的亲密关系会带来内心的安稳和平静，投入自己喜欢的职业也会让我们的心慢慢地沉下来，并逐渐获得自信和成就感。

经常有人问我："老师，我该干一行爱一行，还是爱一行干一行？"就像有人会问我"老师，我该找一个爱我的人结婚，还是找一个我爱的人结婚"一样。

事实上，无论怎样的恋爱，如果最终不能发展出两个人能够分享彼此的亲密感，那就不会是好的爱情。同样，如果不能以某种方式整合"干一行和爱一行之间的矛盾"，我们也无法建立起对职业的认同。

那么，建立起职业认同意味着什么呢？

它意味着我们能接受职业背后的人际关系，并把它当作自我的一部分。职业的人际关系有两层含义。首先，它包括我们和工作伙伴本身的关系。比如，我们愿意投入一种协作关系中，认同与自己共事的人，以这个行业的前辈作为榜样，并愿意接受他们的指导。其次，也是更重要的一点，职业的人际关系还包括我们与服务对象的关系。

有一种说法认为职业有三个层次：生计、事业和使命。这三个层次背后所假设的人际关系是不同的。生计代表的是一种被压榨、被逼迫、不得不为的关系；事业代表的是一种平等、稳定、互惠的关系；使命则变成一种我们为职业对象服务、奉献，甚至牺牲的关系。正是对职业背后关系的认同，我们被逐渐塑造成有技能、被需要、肯奉献的专家。我们也在这样的过程中，扩展了自我的概念。

如果一个人不认同职业背后的关系，那他就无法作出职业承诺，也无法建立职业认同。他会把工作当作自我之外的东西，把它看作一种负担、一种苦差、一种临时之计，就好像真正的生活从未开始。这样的状态通常会让人焦虑，因为他不知道自己被社会接纳的依据是什么，或者自己能够为之奉献的是什么。

职业认同的四个标志

心理学家乔治·范伦特认为职业认同有四个标志：胜任感、承诺、报酬和满足感。

胜任感意味着我们能胜任这个工作，能在工作中体会到能力的成长，并获得一种成就感。

承诺意味着我们愿意投入到这份工作中，会对这个职业保持某种忠诚，把它视为自己很重要的一部分。比如我虽然在做很多事，写作、教学、做一些教育机构的顾问等，但是如果别人问我是做什么的，我会毫不犹豫地说我是一名心理咨询师。因为我对咨询有很深的情感，并把它当作我很重要的部分。

报酬意味着我们从职业中获得了满意的回报。职业体现的是一种互惠关系。如果我们不能从职业中获得相称的回报，就会有被剥削感，也就很难投入到职业当中。报酬还会把职业跟爱好区别开来，爱好是可以不计较报酬的，但职业必然会计较。

满足感意味着工作跟我们的自我没有什么违和的地方，我们在做工作时，有一种特别的、本该如此的感觉。

这四个标志也提示了建立职业认同的四种障碍：如果没法胜任一份工作，如果没能作出发自内心的承诺，如果工作给的报酬没让我们满意，或者工作没法让我们有满足感，都会影响我们建立职业认同。

前面三种标志比较好理解，但是，第四种职业认同的标志——满足感是怎么来的呢？

有的人说，满足感是因为这个工作能够体现自己的优势；有的人说，满足感是因为这个工作符合自己的性格特质。我觉得都对，但是都不完整。更完整的说法是，**我们能把自己从事的工作镶嵌进自己整个的人生故事里，让它变成整个人生故事中的一部分**。

编剧领域有一个概念叫作"人物弧线"，意思是，无论剧情怎么变化，人物的故事都会随着一个主要线索变化。有时候，稳定的职业认同就是在自己的人生故事中勾勒出这样的人物弧线。

我有一个朋友，初中时就想做一个靠自己本事吃饭的手艺人。他大学学的是新闻专业，就觉得自己一定要写稿子，因为那是一个手艺活儿。后来阴差阳错，他被分配到一家中央媒体做行政的工作。那份工作不错，有光环，领导还器重他。可是，这不符合他对"手艺人"的设想。所以，他毅然辞职，去了一家小杂志社写稿。

在这个故事里，我朋友的人物弧线就是"做一个手艺人"。虽然他能胜任那份行政工作，报酬也不错，但是违背了"手艺人"的人物弧线，没法让他产生满足感，也没法让他作出职业承诺。后来到了杂志社，从最开始做记者写稿，到变成帮作者改稿的编辑，再到带领团队做项目，虽然他的工作内容有了一些变化，但他都是以手艺人的态度来对待工作的。"手艺人"这个故事核心没有变，它构成了我这位朋友的职业认同。所以他对自己后来的工作非常满意，干得很开心。

职业认同的背后，是我们能够把工作纳入其中的完整的人生故事。人生故事要被我们认同，需要符合我们更深的情感，而这种情感常常来自工作之外的生活。

我还有一位朋友，也是一个特别有职业认同的人。可是，她从事的工作并不容易产生职业认同——她是一位保险经纪人，主要做寿险规划。最开始，我并不是很理解她的职业认同，一度以为她不是被公司洗脑了，就是被自己洗脑了。可是，当她讲了自己的经历后，我便对她的职业认同有了更多的了解。

她原来在一家大公司做财会工作，后来才做了保险这一行。以前做财会工作的时候，经常有人找她，给她送礼，可这只是他们有求于她。工程做完了，关系就结束了。而保费因为要一年一交，她一般会和客户保持很长时间的关系。她说："我不习惯那种人走茶凉的感觉，更喜欢这种长久的关系。对我来说，结束一段关系是很难的。"她说自己有个偶像，是公司里一个具有传奇色彩的老爷爷。他27岁进入公司，在公司一直服务到90多岁，和客户的家人都是朋友。

我很奇怪，就问她："为什么你这么需要长期关系？"她想了想说："我特别抗拒关系的结束，也许是跟小时候的经历有关。"她两岁的时候，外公去世了。妈妈把她接到外公家的时候，她一头钻进外公的卧室，问妈妈："外公呢？"然后就开始哭。接下来几天，她抱着有外公照片的相册一直哭。外公的去世让她第一次感受到关系结束的痛苦。而对长期关系的渴求，成了她职业认同的一部分。

所以，工作和我们的人生故事是分不开的。要想建立真正的职业认同，要让人生境遇与工作产生深刻的联系，并把工作整合进我们的人生故事里。这种人生故事的整合，才是职业认同最关键的部分。比如鲁迅先生，他想当医生，是因为家人被庸医所害，让他有了治病救人的想法。而他弃医从文，是因为发现精神的医治比身体的医治更紧迫也更重要。这种把职业和人生故事联系起来的职业认同赋予了工作意义，也继续回答了"我是谁"的问题，是自我同一性的延续和深化。

● 自我发展之问

在亲密关系的建立中，你曾遇到的最大困难是什么？你是如何克服的？

你有没有找到你的职业认同？如果有的话，你是如何找到的？如果没有的话，你在寻找职业认同的过程中遇到了哪些困难？

中年期:
如何应对中年危机

中年危机

如果顺利的话，你已经有了青春期建立起来的稳定的自我，有了成年早期获得的亲密关系和职业认同，自我的范围从一个人扩展到两个人，又扩展到工作关系中更多的人。你平稳地生活了好几年，家庭稳定，工作越来越好。你甚至会想，自己是不是就这样度过余生呢？并不会，因为变化很快又来了。你进入了人生的另一个动荡时期：中年期。

中年期又叫成年中期，通常是指35～60岁这一段很长的时期。对很多人来说，中年期是一个惊涛骇浪的时期。

和青春期一样，在这个时期，人们的身体重新开始变得陌生。只不过，这一次不是因为成熟，而是因为衰老。和青春期一样，感情重新变成一件麻烦的事情。孩子进入青春的叛逆期，父母开始生病甚至离世，而我们不再满足于这个阶段琐碎的日常工作和生活，希望能够寻找到更深层的人生意义。年轻时从来不觉得是问题的"时间"，在这个阶段开始变成了问题。我们开始意识到，原来生命有限，自己也会衰老和死亡。

害怕衰老，就是这个阶段的发展障碍。

当我们害怕衰老的时候，我们究竟在害怕什么呢？

身体机能的衰退当然是一个方面，但最大的挑战还是可能性的丧失。

衰老和死亡的过程，其实就是把可能变成现实，把悬念变成答案的过程。在中年的时候，我们会意识到，生命中的可能性正在一点点消失。年轻时一些想做没做成的事，可能永远都做不成了；一些想在一起而没在一起的人，可能再也不会在一起了。我们会焦虑于这种确定性，并苦苦思索，除了可见的衰老和死亡，自己的未来到底在哪里？对很多年轻人来说，离开小镇来到大城市，或者辞去稳定的工作，就是害怕过那种"一眼能看到未来"的生活。可是到了中年以后，很多人的生活真的一眼就能看到未来。

在中年的时候，我们很容易把这种由可能性的贫乏带来的恐慌误解为是衰老引起的。所以，对于变老这件事，有些人可能变得非常抗拒。一些男人开始寻求婚外情，想重新体验青春的激情，来维持自己没老的错觉。一些女人则开始精心打扮自己，甚至整容，害怕因为变老而失去魅力。还有一些人开始回忆当年，对年轻人指手画脚，变得俗气、势利、斤斤计较，把生命的成长寄托在钱财、名声这些可见的东西上。

但是，也有一些人，到了中年以后，反而开始渐入佳境。他们变得更成熟、更有经验，也更有创造力。这些人摆脱了"小我"的限制，人生境界因此开阔起来。

这种变化是怎么发生的呢？

很重要的原因是，这些人到了中年后，和世界、和他人的关系发生了变化。别人既变得不重要了，也变得更重要了。变得不重要了，是他们不再那么在意别人的看法和评价，相应地，也不再那么在意世俗意义上的规则和成功，会更多遵循自己的内心来做决定。变得更重要了，是因为他们关心自我以外的他人，尤其是下一代，会从下一代的繁衍中获得人生意义。他们开始从他人的成长中，获得新的可能性。

在成年中期，繁衍是人们要完成的发展课题。繁衍，除了发生在家庭领域（下一代的繁衍），也发生在工作和社会领域。

在心理学家埃里克森的理论中，繁衍的含义是非常广的：在工作和休闲活动中保持活力、对生活怀有热情和好奇心、积极教导和关爱他人、为社会和他人谋福利、维护公平和正义……这些都具有繁衍的性质。

繁衍的核心含义，就是我们能够借助这些活动突破自我的限制。

我们将从家庭里的繁衍和家庭外的繁衍两个方面来看看该如何突破自我的限制，走出中年危机。

家庭里的繁衍

家庭里的繁衍，有孩子的父母自然会懂。

如果孩子摔倒哭了，我们就会很心疼，恨不得是自己摔倒。如果孩子开心地笑了，我们会比他还开心。孩子在旁边时，我们自然会有一种特别的安心感，觉得自己做的一切都是值得的。孩子把我们从小的自我中拉了出来，自我的含义又一次扩大了。这一次，自我包括了下一代。而因为自我的扩大，自我的可能性危机不再是那么大的问题了。

可是，并不是所有有孩子的成人都发展出了繁衍感。

繁衍感的本质是把自己奉献出去，让自己成为孩子的一部分。可是有些父母正相反，他们把孩子拉进来加强自我，让孩子成为自我的一部分。这是两种不同形式的爱。前一种爱是奉献式的，而后一种爱是占有式的。前一种爱是从孩子的需要出发，承认孩子是独立的个体，并真正关心他们。而后一种爱是从自己的需要出发，关心的仍然是关系中的自我。只有前一种奉献式的爱，才会发展出繁衍感。否则，我们会在和子女的纠缠中陷入某种停滞。

举个例子。我有一个朋友，他妈妈特别黏他，很喜欢给他做各种好吃的。看起来妈妈很关心他，可是这种关心背后有一种奇怪的冷漠。

有一次，妈妈给他卤了鸡爪，让他尝尝味道怎么样。他说：

"有点儿硬，再卤5分钟应该会不错。"

妈妈很不甘心，说："还好吧，你再尝尝？"他又尝了一下，还是说硬。妈妈就让他再尝一下。

尝到第三遍的时候，他无奈地说："还行。"

妈妈就得意地说："对吧，再试试感觉就对了。"

这样看来，哪怕是感觉，他妈妈都不觉得他是对的，只觉得自己是对的，并一定要让儿子认同自己，让儿子为她的付出表示感激。很多父母都是这样，喜欢给孩子加衣服、夹菜，如果孩子说不需要，他们就会生气，觉得是对他们的冒犯。

有时候，父母还会让孩子代替自己完成愿望。比如，有的父母从小学习不好，没有上一个好大学，就希望孩子能够好好学习，弥补自己没有读好大学的遗憾。有的父母跟单位同事存在竞争关系，就希望通过孩子争回面子。真正的问题不在于他们让孩子代替自己完成梦想，而在于孩子不接受这种安排时，他们会怎么处理。如果孩子能够接受父母的安排，当然是好事，它会变成家族延续的传统，就像很多医生，祖辈三代都是医生一样。但是如果孩子不接受，而父母更看重自己的需要，就会产生很大的冲突。这些孩子在青春期就很难发展出身份认同。因为发展身份认同需要整合父母的期待和自己的期待，而在这些孩子身上，这两种期待是冲突的。

占有式的爱和青春期的自我中心很像，都是过度关注自己，忽略别人的需要。只不过中年期关注的东西，从自我形象变成了通过孩子来满足自我的需要。

真正有繁衍感的关系是什么样的呢？

其实就是真的能为孩子着想，甚至为孩子忍受和牺牲。在第三章介绍关系的纠缠时，我曾经写过一个故事。一个孩子要去外面的世界闯荡，他问妈妈："我走了，你会孤单吗？会寂寞吗？"妈妈说："你走了，我会孤单，会寂寞……可是我不要把我自己的困难，变成你不能出去的理由。"我想，这个妈妈心里是孤单的，可是从某种意义上来说，她是充实的。因为她知道，自己这么做是为了孩子。她会真心为孩子奉献，为孩子的成长骄傲，并在孩子的成长中突破自我的限制。

也许有的人会问：如果我一味地为孩子奉献，那不是失去自我了吗？会不会变成那种把对生活的所有期待都放到孩子身上，没有自己生活的父母呢？

确实有一些父母，把生活的所有期待都放到了孩子身上，并失去了自己的生活。可这并不是真正具有繁衍感的奉献。首先，真正具有繁衍感的奉献会尊重孩子的独立性，这其实也是在尊重自己的独立性。其次，当我们把目光从自己身上移开，去关心孩子的成长时，我们的自我看起来被削弱了，其实是被增强了。我们失去了一些自我关注，甚至失去了一些满足自己需要和欲望的机会，但同时，我们获得了一种品质——关心。这种关心会变成自我新的部分，它的对象既可以是孩子，也可以是自己。

也就是说，我们其实是在通过爱孩子，学习怎么爱自己。所以，在奉献自我的同时，我们也在加强自我。这种奉献式的爱，是我们克服中年期的发展障碍，走出中年危机的一种方式。

家庭外的繁衍

除了家庭中的繁衍，工作和社会中的繁衍，对于走出中年危机也非常重要。这样的繁衍，我归纳了一下，主要有三种。

第一种繁衍，是创造性的工作。

在埃里克森看来，创造是一种特殊的繁衍形式。有人说创造作品跟生孩子一样，原因就在于，创造是通过劳动，把某些个人之外的东西带到这个世界上来。一旦这个东西诞生了，就会独立于我们存在。由于创造能不断把独立于个人的新东西带到这个世界上，它就变成一种突破自我限制的形式。所以很多从事创造性工作的人，不容易有停滞感。

我看过央视的一个纪录片，介绍了一位叫孔龙震的画家。他原来是一个集装箱货车司机。有一年在福建开车，在一段长达14千米的下坡公路上，他的刹车失灵了。那一刻，他深信自己马上就要挂了。他疯狂地按喇叭，咬着牙抱着方向盘，侥幸逃过一劫。

回顾这惊魂一刻时，他说："我就觉得那一刻，或许生命也不是最重要的东西。人生的理想是最重要的东西。当车停稳后的那种狂喜……然后我就想，我的人生必须得做点什么。我能做什么呢？画画。

"画画从小我就喜欢。这个梦想从来没有磨灭过，只是被压制了。直到那一刻，这个梦想破土而出，我觉得它很重要。……开车是我的生活，现实。画画是我的……也不能说是梦。是让自己的生命留下痕迹。这个世界我来过。"

后来，他克服生活的种种艰辛，坚持在跑长途的间隙，在狭小的卡车室内，把生活的辛酸和无奈变成独特的画作，并用10年时间，逐渐画出自己的天地，变成一个职业画家。这个乌托邦式的圆梦故事并不是我要讲的重点，重点是他用自己的画作实现的理想："让自己的生命留下痕迹。这个世界我来过。"

这就是创造作为一种特殊繁衍形式的意义。

第二种繁衍，是传承。

我曾在一次浙大的校友聚会上，听过阿里云的原总裁王坚老师分享他的成长经历。

他说："我原来在学校的时候，很年轻就被评为教授了。那时候跟我共事的老师，很多都比我大二三十岁，给了我很多帮助。后来离开学校，一路辗转，加入阿里，忽然发现周围跟我一起工作的人都比我年轻20岁，这让我很感慨。从跟比我大20岁的人工作，到忽然跟比我小20岁的人工作，我就会想，除了自己的工作以外，我还可以做些什么？当时别人替我做了这么多，那现在反过来，我能为他们做些什么？这深刻地影响了我对工作价值的判断。"

年轻时获得长者的帮助，中年时开始帮助更年轻的人，这种传承广泛地发生在工作领域。这种传承也意味着，一个人从年轻的新手向中年的专家的转变。

传承这种繁衍形式，在一些传统的"手艺人"或者"匠人"的工作中尤为明显。在工业化以前，一个人要学一门手艺，要先拜一个师父，这是一个很郑重的仪式。师父都知道收一个徒弟的分量，不仅要负责他的职业生涯，还要成为他的人生导师。师徒既是一种工作关系，也是一种包含情感的家人关系。师徒关系和家人关系在繁衍的形式上也很像，只不过联结师徒关系的东西从血缘变成了手艺的传承。不像现在，工作中的关系变成了纯粹的利益关系，连研究生都管自己的导师叫老板了。工作中的繁衍，就被这种生硬的社会分工切断了。

传承这种繁衍形式，包括两个方面的含义：一种是技术上的，一种是关系上的。这两种传承都包含了某种形式的自我超越，因此都有繁衍的含义。

为什么这么说呢？先来看技术上的传承。

在武侠小说里，师父如果悟到了什么武功绝学，一定会想办法传给弟子。如果这种武功失传了，师父就会留下遗憾，读者也会发出一声叹息。

他们在叹息什么呢？他们叹息的是，无论是何种形式的技术——武功也好，管理经验也罢——都有超越个人的存在价值，不该随着人的老去而消失。即使这些经验是你总结的，或者是你在工作中摸索出来的，它们在本质上还是不属于你自己，而是属于全人类的。你只是它们的保管人。越是重要的技术或者经验，你越有传承的责任。如果你接受了这样的责任，那你就通过传承超越了自我。

家庭治疗大师简·海利（Jay Haley）去世的时候，米纽庆曾经为他写过讣文，里面有一句话："**我们用一辈子积累而来的知识，已经普遍地影响了下一代的咨询师，他们不一定记得我们的名字，但那已经一点也不重要了。**"这句话是对这种传承最好的说明。

也许有些人会说，这是我们好不容易学到或者发明的东西，凭什么要教给那些年轻人，让他们占便宜呢？不是说教会徒弟会饿死师父吗？

如果我们固守这样的想法，那我们就不会有繁衍的感觉，就很可能陷入停滞的恐慌。

当然，传承不仅是技术上的，还有关系上的——那些有经验的老人，愿意辅助年轻人，帮助他们成长，成为他们的榜样和领路人。这是一种带着敬意的担子。它需要我们的付出，而我们在这种付出中超越了自我。

米纽庆去世的时候，我的老师曾经写过一篇纪念文章，叫《最后的吉他》。里面讲到米纽庆80多岁的某一年，老师请他去北京讲学。

那一次讲学结束，米纽庆对她说："你知道著名的吉他手安德列斯·塞戈维亚（Andres Segovia）吗？我和他一样。给我一把吉他，我在台上也会奏出音乐，但是走下台来，我只是一个老头儿。你现在要靠你自己了，你不想为自己的民族做些事吗？你不愿意在自己的地方发展吗？"

老师当时热泪盈眶，不停地说："不要不要，我才不要你的吉他。"

我理解老师当时为什么说不要。一是因为她不愿意承认米纽庆的老去，二是因为她知道这个"吉他"背后的责任。老师年轻时是一个特别洒脱、不愿意受拘束的人，根本不想承担这样的责任。可是她说："后来，我不知不觉就接过了他的吉他。"

这几年她一直在香港和内地之间往返，教导一些年轻的咨询师。每次在她的课堂里，我都会感觉到，她是那么真诚地想把她会的东西教给我们。她已经是个老太太了，可是她的工作量很惊人，上课、督导、见个案，几乎每天都是从早到晚马不停蹄。这让我们既佩服又担心。有时候她还跟我们开玩笑说："我都这么老了，万一哪天我在这里出事了，你们知道怎么把我弄回去吗？"

有一次，在讲起一些家庭治疗大师的精神遗产的时候，我问她："老师，你希望留给世界的东西是什么？"

老师想了想，说："我活着的时候不想去殡仪馆，死了也不想去。我年轻的时候看过一个费里尼（Fellini）的电影，讲什么我已经记不得了，就记得一群人乱糟糟地出海去送葬。有很多动物，还有马戏团什么的。要去送谁也不清楚，就是大家好像都很高兴的样子。如果我离开了，最好也是这样，大家都高高兴兴的。我自己家里还有很多美食，还藏着很多美酒。到时候把美食美酒都拿出来，大家都吃了喝了，什么都别留下，就留滋味在人间。"

从她身上，我看到一种传承的责任。一方面，传承的责任其实是很辛苦的，另一方面，她能这么豁达地面对衰老，跟她承担起传承的责任是有关的。这种突破自我中心以后带来的豁达的人生境界，就是繁衍带来的回报。

第三种繁衍，是回报社会的使命感。

无论是家庭的繁衍，还是工作中的传承，一般都会限定在和我们关系亲近的人中间，比如孩子、学生、下属。但是使命感是传承的深化和扩展，它会把繁衍扩展到我们不认识的人身上。

因为我的老师经常讲米纽庆的故事，我还是以米纽庆为例来说明这种使命感是怎样的。

心理咨询总体来说是一个为中产阶级以上人群服务的行业，毕竟咨询费不便宜。但是米纽庆很不同，他是心理学家里少数为穷人工作的人。当年他带着我的老师去纽约的穷人区做咨询，我的老师经常迟到。她一迟到，米纽庆就不让她过去了。这不是责怪她迟到，而是因为纽约的穷人区经常有抢劫案发生，米纽庆担心她一个人去会有危险。当时，米纽庆为当地的社区培养出很多为穷人工作的咨询师，有时候还会自己出钱帮穷人打官司。晚年的时候，他还以1美元的年薪为纽约的医疗系统改革奔走。而这些事，很少有人知道。

最有趣的是，米纽庆一方面为穷人做很多事，另一方面很强调边界，从来不会把"爱"挂在嘴边。有一次，米纽庆和一个非常讲究"爱"的家庭治疗大师维吉尼亚·萨提亚（Virginia Satir）辩论。

萨提亚问米纽庆："难道你不相信爱吗？难道你不爱世人吗？"

米纽庆说："我不爱啊！我只是爱一些人而已。"

米纽庆就是这样的人，有爱又真实。每次听到这种故事，我都会很感慨，很希望自己能够成为像他那样的人。这种感慨和向往，根植于每个人的天性，变成了人类文明繁衍的基石。

繁衍是一种互惠

无论是家庭内的繁衍，还是家庭外的繁衍，看起来都是一种单向的给予。但事实上，繁衍也是一种互惠。

年轻人在寻找身份认同的阶段，需要榜样和领路人，而老年人在面对衰老的时候，需要能够指导的对象帮助他们发展繁衍感。年轻人和老年人相互需要，这是人类发展出来的突破自我限制、传承文明的特殊形式。

欧文·亚隆（Irvin Yalom）在《给心理治疗师的礼物》中引用了赫尔曼·黑塞（Hermann Hesse）的小说《卢迪老师》中的一个故事。故事讲的是两个生活在圣经时代的著名隐修士——年轻的约瑟夫和年长的戴恩。他们以不同的方式帮助人们重获心灵的平静，俩人虽然从未见过面，但是作为竞争者工作了很多年。直到年轻的约瑟夫的心灵开始有烦恼，坠入了黑暗的绝望，他发现用自己的方式没办法治愈自己，于是去南方寻找戴恩的帮助。在朝圣的路上，他遇到了一个年老的旅者，就是戴恩。戴恩毫不犹豫地邀请年轻的、陷入绝望的竞争者到自己家里，两个人一起工作了很多年。约瑟夫从戴恩的仆人变成学生，最后又变成同事。多年以后，戴恩病重，就要死了。他把约瑟夫叫到床前，告诉他，其实，跟约瑟夫的相遇对他来说也是一个奇迹。因为他当时也陷入了绝望之中，感到空虚和心灵的死亡，他同样无法帮助自己。在绿洲相遇的那一晚，他正打算去北方寻找一位叫作约瑟夫的伟大隐修士。

所以，年长者挂心年轻人，不仅仅是在付出。年轻人通过被年长者培养、照顾、教导获得了帮助，年长者则从年轻人那儿获得子女般的爱、尊重和安慰，从而得到帮助。年轻人和年长者在相互医治中，帮助彼此完成了人生发展的课题，这真是一种巧妙的安排。

人是有很多限制的，会老去，会死亡。可是，当我们突破了这种自我中心，真正学会关心他人，发展出广泛的繁衍感以后，我们就突破了这种与生俱来的限制，拥有一种超越衰老和死亡的豁达。发展繁衍感——无论哪种形式的繁衍，都是突破自我、走出中年危机的方法。

● 自我发展之问

如果你是一个年轻人，你身边有什么样的中年人，你愿意视之为榜样？如果你已经到了中年这个阶段，你有什么样的人生经验想要分享给年轻人？

老年期:
如何整合自己的人生

人生的最后课题：整合

走过建立身份认同的青春期、建立亲密感和职业认同的成年早期、在繁衍和停滞的矛盾中挣扎的中年期，我们终于到了人生的最后一个阶段：老年期。

在这个阶段，我们的儿女通常已经长大成人。除了自己热爱的工作，我们所承担的社会责任，该卸下的都卸下了。衰老、病痛、身边不断去世的朋友，都在不断提醒我们终点的临近。现在，我们还要完成人生的最后一个课题：对人生的整合。

整合是什么意思呢？按照埃里克森的说法，整合意味着我们能"接纳自己唯一的生命周期，并将其作为不得不存在，且不允许有任何替代的事物"。也就是说，无论一生是否顺遂，经历了哪些快乐和痛苦，我们都能把它作为一段独特的经历接纳下来，接纳自己的生命是完整的、独一无二的。如果不能完成整合，个体就会感到人生苦短，短到对自己的人生不满意，却来不及重新开始。

人生是短暂的。我们永远都会错过一些东西，获得一些东西，选择一些东西，失去一些东西。自我发展的可能性和生命的有限性之间存在着一种永恒的张力，这种张力永远都需要我们作出自己的选择。通过选择，某些可能变成了现实，某些可能与我们渐行渐远。通过选择，我们每个人都在编写着关于自我发展的独特的人生故事。就像在试卷上写下最后一个答案，铃声将响，交卷的时刻到了。给出一个满意的答案，就是整合的过程。

整合的两种含义

整合有两种含义。第一种含义，是回顾自己的人生，并找出一种意义来源。

就像斯多葛学派哲学家塞涅卡（Seneca）所说的："只有当死亡来临的时候，你过去的所作所为，才显示出它们的意义。"能否顺利整合自己的人生，跟我们是否顺利完成了人生的课题，尤其是是否获得了繁衍感，有很大的关系。如果在中年期找到了足够的繁衍感，我们就不会那么害怕死亡。因为我们知道，自己关心的下一代，自己创立的事业，自己爱的、把生命寄托在上面的东西，都会延续下去。

我的外婆是一个农村老太太，没读过什么书，一生清苦。她生病以后，虽然知道自己时日不多，却对死亡有着一种特别的豁达。有时候半夜病痛发作，明明很疼，她却说："我不怕，反正就算死了，我也是死在自己家床上的。"在去世的那天晚上，有很长时间她都处在昏睡中。可是午夜的时候她忽然醒了，跟陪在身边的子女说："不要怕，人都是要死的，慢慢来，不要慌。"交代完这些话，她就去世了。哪怕是去世之前，她还在想着安慰子女。家就是她最大的人生意义。

除了家庭中的繁衍感，家庭外的繁衍感也能帮我们完成最后阶段的整合。

浙大有个传奇教授叫陈天洲，36岁就成了浙大计算机学院最年轻的博导，还是浙大校内著名的BBS飘渺水云间的创办者。除了学术能力强，他酒量也不错，对学生特别好。而且，他一直实践单身主义，为此专门成立了"浙大光协"，并自称是"浙大光协最后一位坚守初衷的会员和主席"。

这么一个厉害又有趣的人，却在2011年6月被查出患了胰腺癌。这是一种死亡率非常高的癌症，95%的患者生存期都不超过20周。得知自己生病以后，他没有一点抱怨或者自怜，仍然坚持学术研究，甚至在去世前一周还在参加一个学生的答辩。同时，他还查阅医学文献，在顶级的国际医学杂志发表了两篇医学论文。

4年后，他去世了。相对胰腺癌超短的生存期而言，这已经是小小的生命奇迹了。他留下遗嘱，把所有遗产捐赠给浙大计算机

学院，用来扶助和奖励学生。他是很多浙大学生心中的英雄。他
去世后，很多学生都去悼念他。

　　陈天洲并没有完成建立亲密关系的人生课题。但通过学术研
究以及跟学生之间的教学互动，他有了足够的繁衍感。学术研究
和学生培养就是他最大的人生意义。这种人生意义帮助他完成了
课题的整合。

　　除了通过回顾人生找到意义，整合还有第二种含义，就是把
自己纳入更大的人类群体中，把自己看作是某种演化进程的一
部分。

　　你可以想想，什么才算是自己开始的时候？从呱呱坠地的那
一刻开始？从变成受精卵的那一刻开始？从地球上诞生人类开
始？还是从地球上第一次诞生有机物开始？自然以超越自我的方
式演化，我们只不过是这个宏大剧目中的一环。这个剧目在我们
出生之前早已开始，在我们离开之后还会继续。就像把一滴水放
入大海，可以认为它消失了，也可以认为它获得了另一种形式的
生存。

　　佛教对死亡的看法就包含了这种整合。佛教认为，人痛苦的
根源是把"自我"看作是一个实在的东西，因此产生了对自我的
执着，觉得自己的快乐、痛苦、需要、欲望都是重要的。而这不
过是一种幻觉。自我只是因缘际会结合的产物，只是一个过程。
要解除这种痛苦，就要通过打坐修炼的方式，来参透"无我"的
道理。

我觉得人生的各个发展阶段，也是一个走向"无我"的过程。只不过这个"无我"不是通过打坐冥想的方式来实现的，而是通过不断扩大自我的社交半径，通过建立亲密关系、投入职业、关心下一代，通过把自己交付出去来实现的。这也是人生每个阶段最大的难题，即克服各种形式的自我中心主义——生活会教会我们放手和舍弃。而人生发展的最后一个课题，关于整合的课题，就是要克服最后一个自我中心主义——对"自我"本身的执着，也就是对生命的执着。

向死而生

我想，也许你和我一样，很幸运地还没有到需要去面对衰老和死亡的年纪。可是从人生的终点回过头思考人生的此时此刻，会有意想不到的好处。

"总有一天我们都会死。"

这句话既可以让我们陷入可怕的虚无，也能让我们摆脱一些不必要的束缚，变得更有勇气。

前段时间我看斯多葛学派哲学家塞涅卡的书，他有一个说法很有意思。他说，我们的房子、财富、社会地位，我们的眼睛、手、身体，我们的亲人、子女、朋友，我们所珍惜的一切，都不是我们的，包括我们自己。它们只是命运女神借我们暂用一下。我们要像虔诚的、神圣的保管者那样好好保管它们。如果命运女神有一天要把它们收回，我们绝不该抗命不从，而应满心欢喜、不带怨气地说："谢谢您让我拥有并保管了这一切。我已悉心保管，现在如数奉还。"

斯多葛学派有想象死亡的传统。在一天开始的早晨，哲学家们会把这一天当作人生的最后一天。如果到了晚上仍然平安无事，他们就会感谢上天，觉得自己又赚了一天。第二天重新如此。据说，这种方法能够让他们获得平静，并让他们对平常的日子充满感恩。

面对挑战时，我经常会做一个想象练习，你也可以试试。

想象一下，假如你已经垂垂老矣，觉得自己的一生都很完美，做了该做的事，所以在晚年，你获得了该有的平静。现在，你开始回忆人生，回忆当下这一刻，回忆当下面临的难题。你觉得，这个老人会怎么想、怎么做呢？

或者，我们可以把顺序倒过来。你还处在现在的年纪，正被生活中的某个难题困扰。现在，想象一下，你已经垂垂老矣了。现在该怎么做、怎么选择，年老的你才会骄傲地说自己不后悔呢？

在一行禅师写的佛陀传记《故道白云》里，佛陀已经垂垂老矣，皮肤有了很多皱纹，脚上的肌肉都松软无力了。那时候佛陀已经决定，在三个月后入灭。他和弟子阿难陀最后一次爬上灵鹫山。在山边，望着夕阳缓缓落下，佛陀说："阿难陀，你看，这灵鹫山多美！"

　　纵使落日转瞬即逝，也无法消解那刻的美。如果说，生命的有限性有什么好处的话，也许就是让我们意识到，自己所在的每一刻都那么美。

● 自我发展之问

　　你现在有什么烦恼的事情？试着从一生的角度思考，你会对这件事有什么新的看法和感受？

　　假如你只有 1 个月的生命，在这个月里，你最想做的事情是什么？如果有 1 年呢？10 年呢？

　　在你心里，你理想的老年生活是什么样的？为了拥有这样的老年生活，你现在能做哪些准备？

自我发展:
一条不断延伸的路

否定与自我发展

这本书洋洋洒洒,从行为的改变,写到思维的改变、关系的改变,再到转折期、人生发展阶段。就像一个婴儿,慢慢长大、成熟、老去,不知不觉,已经接近尾声了。作为一本书的尾声,该写些什么呢?

既然在人生最后的阶段,回顾整合是一件重要的事,那我们不妨先来回顾一下整本书的内容。在这里,有两点我想要特别说明。

首先,这本书有一个特别的安排,就是在每一章的最后一篇文章,会以某种形式否定前面的内容,让书的内容进一步深化。比如,在"行为改变"的最后一篇,我说,不改变也是一种改变,接纳自我是很难的改变;在"思维改变"的最后一篇,我说,我在前面所讲的，都是局部的知识，只有承认它是局部知识，你才会去探索剩下的部分是什么；在"关系改变"的最后一篇，我说，虽然我们一直在强调独立，课题分离，但独立是为了更好地联结。

那按照惯例，如果对第四章的转折期和第五章的人生发展阶段作一个总体的否定的话，我会说，所谓的改变进程或者人生发展阶段，都只是大多数人会走的路，有可能，它也代表了大多数人的某种偏见。而每个人，都有他自己独特的路要走。

有一个朋友跟我说："我并没有完成建立亲密关系的课题，可是我有了另一种本领，容纳孤独的能力。"我觉得他说得有道理。

这也让我思考，每个人生发展阶段的课题，它的本质究竟是什么？是像跑马拉松一样，一定要按这些路标走完整条路吗？

我觉得并不是。这些人生课题的本质，其实是对矛盾的适应。

人总是处于矛盾当中——自我和他人、亲密和孤独、理想和现实、生和死。如果回头看，我们会发现，在每个特定的人生阶段，都有要面对的特定的矛盾，它们构成了生活永恒的张力。

如果你走的是别人都走的路，在特定的人生阶段，这些矛盾会给你很大的压力，就像地壳的两个板块在不停挤压。如果你适应了这个阶段的矛盾，就会收获这个阶段的品质，就好像地壳最终挤压出一座高山，你的格局会跃升到新的层次。行为、思维、关系也会有相应的改变。

如果你走的路不是别人都走的路，或者你面对的课题不是以常规顺序呈现的，那你也一定会在路上遇到矛盾，经历艰难，并通过克服这些艰难，学习到别人没有掌握的东西。只不过，独特的路是很难被作为普遍规律归纳出来的。

为什么我会在每章的最后一节否定前面的内容呢？同时又在每一章否定前面一章的内容呢？这并不是自相矛盾，而是为了对应真实的自我发展规律。

自我发展遵循着同样的规律。年轻的时候，我们认定自己是某种人，后来发现不是这样；我们觉得自己已经理解了亲密关系，后来发现也不是这样；我们觉得自己会走上某条人生道路，后来发现还不是这样。

这种否定，就是自我发展的过程。它不是说了"是"，然后说"否"，说了"对"，然后说"错"那样的否定，而是"除了这个，还有更多"的否定。其实，它不仅是否定，也是继承和深化。越往前走，你越会发现那个"既在意料之外，又在情理之中"的自我。

人就是在对以前自我的不断否定中，逐渐实现自我发展的。

而这本书，也是通过这样的否定，来加深你对"自我发展"规律的认识。

其次，在本章，我刻意没写具体的方法。我没有写怎么确立身份认同、怎么发展亲密关系、怎么发展繁衍的能力，我只是写这些阶段面临的矛盾和一种可能的出路。如果你问我，该怎么完成这个阶段的任务呢？我会请你从第一章开始回顾前面的内容，想想怎么走出心理舒适区、怎么改变自己的思维、怎么发展不同的关系、怎么度过转折期。因为，虽然人生的发展阶段有它特定的任务，但是对每天面对具体生活的人来说，改变就在每个行为、每种想法、每段关系里。

最后问题的答案，都在前面的内容里，这正对应了自我发展的另一条规律。

心理学家范伦特说："从40岁到衰老的步骤，和前面的发展阶段是反向的。40岁时面对情感危机，像青少年一样；60岁时挣扎着抗拒时光变换，像10岁一样；80岁全神贯注于一个难以控制的、不稳定的身体，像学步儿一样。"

有一点他没说，我们消失之后的一片空白和出生之前的一片空白也很像。自我的发展，就是这样一条回去的路。这本书同样是一条回去的路。

过程的意义：让一切发生

如果说，这本书是一幅关于改变的地图，它可能只是一幅局部的地图，有些地方还标识得不那么清楚。

也许你会问：既然这只是局部的地图，为什么我要拿着它呢？

答案是：为了上路。有了地图，你就可以上路了。你可以去尝试改变，比照着改变的经验，了解更多关于自我发展的知识。也许你会发现，自己的经验有些跟我写的很像，有些不那么像。都没有关系。你走的路，比地图重要。

在第二章介绍局部知识的段落里，我写过一句话："所有知识都是局部的，要找出它不够完善的部分是很容易的。而要找到它对的地方，却并不容易。我们要先接受知识都是错的，才能找到知识对的地方在哪里。"

当时编辑跟我说："老师，这句话没写清楚，能不能写得更清楚一些？"我想了想，说："就让它这样留着吧。"如果这句话引发了你的疑问，它会让你思考。想不明白，你会去找答案。找不到答案，也许你会通过公众号或者其他途径来问我，我可以给你解释。如果我解释得不清楚，你会进一步地思考。这一来一回的过程，远比一句清晰的话更重要。

过程是最重要的，任何模糊的但是能够引发探索过程的知识，都比清晰但完结了的知识有价值。**知识的价值不是提供一个确定的答案，而是引发探索的过程**。知识需要让自己成为过程中的一环。如果知识不能引发探索的过程，那一定不是因为它太完美，而是因为它已经陈旧到没人理了。

就像我们的人生，从生到死，起点一样，终点也一样，可是展开的过程不太一样。而这个过程，才是它的本质。

王小波给李银河的信里写过："人生最后烟消云散，不会留下什么痕迹，但在消失之前，我们要让一切先发生。"既然结果会烟消云散，那它的意义是什么呢？让过程发生，这就是结果的意义。我们会老去、死亡，作为结果，我们会消失不见，可发生的过程却不会消失。

当然，我们还是要有目标，要为目标的成功或者失败而欢欣雀跃或伤心流泪。可是我们要知道，目标的意义就是为了引发这个过程，就像地图的意义是为了上路一样。如果没有目标，我们就没法展开过程；如果太注重目标、太注重结果的成败，我们也会失去这个过程。

在写这一章的内容时，我在想：自己当初是怎么设想未来的呢？

在青春期的时候，我想的是：中年太可怕了！我再也没有精力熬夜了！我的八块腹肌会变成一团肥肉！再也不会有姑娘喜欢我了！有了家庭和孩子，我再也没办法来一场说走就走的旅行了！

现在想想，这些可怕的事情都发生了，可是还有很多没想到的事情也发生了。

在与人交往的时候，我变得更加成熟坦然了。因为在职业上的认同和精进，我获得了一些年轻时不会有的尊敬。经济上也有了更大的自由。当然还有家庭和孩子，我是被他们束缚了，可是谁会想到，他们束缚我的方式是快乐呢？看到孩子的笑，我哪里都不想去了。

我们设想的人生和真正的体验，总是有很大的差距，非得等过程完整地展开，我们才会真的知道其中的滋味。

体验是在过程里发生的。我经历过青春期的迷茫，知道建立亲密关系的疑虑和孤独的滋味，了解职业变动的彷徨和建立职业认同以后的安稳和喜悦。可是无论我怎么设想，我都不会知道接下来的人生会怎么样。

想想衰老或者死亡，我还是很怕的。可是我也会想，就像我在青春期设想中年那样，也许在想象衰老时，我只能想到显而易见的失去，却很难想象获得。更想不到，人生真正重要的东西，常常都是从失去中得到的。

想想10年、20年，或者更长的时间以后，我希望自己一直没有停下发展的脚步，希望你也没有停下发展的脚步。那时候我老了，经历了很多事，而你对人生也有了一些新的认识，我们还可以再谈谈关于自我发展的事。

这是一本关于自我发展的书，可是直到写完这一段，我才忽然明白什么是自我发展。

不是有一个"自我"在不停地发展，随着经历的顺境逆境，增增减减。而是这个发展的过程本身，就叫"自我"。

写到这里，这本书就要按下暂停键了，但它不是结束。就像自我发展是一条不断延伸的路一样。

● 自我发展之问

这本书里，最打动你的三个知识点是什么？对你最有用的三个知识点又是什么？你能做些什么，让这些知识和你的生活产生现实的联系？

参考文献

第一章

〔美〕斯科特·派克：《少有人走的路》，于海生译，吉林文史出版社2007年版。

〔日〕岸见一郎、古贺史健：《被讨厌的勇气》，渠海霞译，机械工业出版社2015年版。

〔美〕乔纳森·海特：《象与骑象人》，李静瑶译，中国人民大学出版社2008年版。

〔美〕奇普·希思、丹·希思：《瞬变》，姜奕晖译，中信出版社2014年版。

〔美〕罗伯特·凯根、丽莎·拉海：《变革为何这样难》，韩波译，中国人民大学出版社2010年版。

〔美〕查尔斯·杜希格：《习惯的力量》，吴奕俊、曹烨译，中信出版社2013年版。

〔美〕凯利·麦格尼格尔：《自控力》，王岑卉译，文化发展出版社2012年版。

〔美〕保罗·瓦茨拉维克、约翰·威克兰德、理查德·菲什：《改变：问题形成与解决的原则》，夏林清、郑村棋译，教育科学出版社2007年版。

第二章

〔美〕卡罗尔·德韦克：《终身成长》，楚祎楠译，江西人民出版社2017年版。

〔美〕阿尔伯特·埃利斯：《理性情绪》，李巍、张丽译，机械工业出版社2014年版。

〔美〕阿尔伯特·埃利斯：《拆除你的情绪地雷》，赵菁译，机械工业出版社2016年版。

〔美〕卡伦·霍妮：《自我的挣扎》，贾宁译，译林出版社2017年版。

〔美〕马丁·塞利格曼：《活出最乐观的自己》，洪兰译，万卷出版公司2010年版。

〔美〕詹姆斯·卡斯：《有限与无限的游戏》，马小悟、余倩译，电子工业出版社2013年版。

〔美〕罗勃·弗利慈：《最小阻力之路》，陈荣彬译，大写出版2015年版。

〔美〕威廉·欧文：《生命安宁》，胡晓阳、芮欣译，中央编译出版社2013年版。

〔美〕马歇尔·卢森堡：《非暴力沟通》，阮胤华译，华夏出版社2009年版。

〔瑞士〕让·皮亚杰：《发生认识论原理》，王宪钿等译，商务印书馆1981年版。

第三章

〔美〕萨尔瓦多·米纽秦、麦克·尼克：《回家》，刘琼瑛、黄汉耀译，希望出版社2010年版。

李维榕：《家庭舞蹈》（全7册），华东师范大学出版社2019年版。

〔英〕约翰·鲍尔比：《依恋三部曲》，汪智艳等译，世界图书出版有限公司2017年版。

〔美〕罗纳德·理查森：《超越原生家庭》，牛振宇译，机械工业出版社2018年版。

Monica McGoldrick：*You Can Go Home Again*，W.W.Norton&Co.,Inc，1997.

第四章

〔美〕萨尔瓦多·米纽庆：《家庭与家庭治疗》，谢晓健译，商务印书馆2009年版。

〔美〕威廉·布瑞奇：《转变之书》，杨悦、王茜译，南方出版社2015年版。

〔美〕佩格·斯特里普、艾伦·伯恩斯坦：《放弃的艺术》，黄延峰译，中信出版社2014年版。

〔奥地利〕莱内·里尔克：《给一个青年诗人的十封信》，冯至译，生活·读书·新知三联书店1994年版。

周桦：《褚时健传》，中信出版集团2015年版。

〔巴西〕保罗·柯艾略：《牧羊少年奇幻之旅》，丁文林译，南海出版公司2009年版。

〔美〕伊丽莎白·罗斯、大卫·凯思乐：《当绿叶缓缓落下》，张美惠译，四川大学

出版社2008年版。

〔美〕埃米尼亚·伊瓦拉：《转行》，张洪磊、汪珊珊译，机械工业出版社2016年版。

〔美〕凯利·麦格尼格尔：《自控力：和压力做朋友》，王鹏程译，北京联合出版公司2016年版。

〔英〕史蒂芬·约瑟夫：《杀不死我的必使我强大》，青涂译，北京联合出版公司2016年版。

Ronnie Janoff-Bulman：*Shattered Assumptions*，Free Press，2002.

〔美〕丹·麦克亚当斯：《我们赖以生存的故事》，隋真译，机械工业出版社2019年版。

〔美〕约瑟夫·坎贝尔：《千面英雄》，黄珏苹译，浙江人民出版社2016年版。

〔美〕斯蒂芬·吉利根、罗伯特·迪尔茨：《英雄之旅》，伍立恒译，世界图书出版公司2012年版。

第五章

〔美〕乔治·范伦特：《自我的智慧》，张洁等译，世界图书出版公司2016年版。

〔美〕爱利克·埃里克森：《童年与社会》，高丹妮、李妮译，世界图书出版公司2018年版。

〔美〕欧文·亚隆：《给心理治疗师的礼物》，张怡玲译，中国轻工业出版社2013年版。

一行禅师：《故道白云》，何蕙仪译，线装书局2007年版。

致 谢

一本书从开始写到跟读者见面，绝不是作者一个人的功劳。我要感谢很多人。

我要感谢罗振宇和脱不花，如果不是他们俩的推动，就不会有"自我发展心理学"这门课和你眼前的这本书。我要感谢我在得到App的课程编辑宣明栋老师、杜若洋、Emma、孙翘俏，还要感谢这本书的编辑白丽丽、战轶、甄宬，如果不是他们的精心付出和宝贵意见，这本书不会像现在这么好。同时，我要感谢"自我发展心理学"的课程用户，感谢他们一直以来的支持和鼓励。

除此之外，我还要感谢我在家之源的老师李维榕博士。她是真正得了道的人。我要感谢她，不仅是因为这本书里讲了很多她和她的老师米纽庆的故事，也不仅是因为我从她那里"偷"了很多金句来，最重要的原因是她教会我从关系的脉络看人，教会我发现人的很多面——这正是自我发展的潜力所在。她让我理解了，自我发展是一条什么样的路。

图书在版编目（CIP）数据

了不起的我 / 陈海贤著. -- 北京：台海出版社，2019.11（2025.6重印）

ISBN 978-7-5168-2434-4

Ⅰ.①了… Ⅱ.①陈… Ⅲ.①成功心理—通俗读物

Ⅳ.①B848.4-49

中国版本图书馆CIP数据核字(2019)第200462号

了不起的我

著　　者：陈海贤

责任编辑：王　艳　　　　　　　　装帧设计：李　岩

版式设计：李　岩　　　　　　　　责任印制：蔡　旭

出版发行：台海出版社

地　　址：北京市东城区景山东街20号　　　邮政编码：100009

电　　话：010-64041652（发行、邮购）

传　　真：010-84045799（总编室）

网　　址：www.taimeng.org.cn/thcbs/default.htm

E-mail：thcbs@126.com

经　　销：全国各地新华书店

印　　刷：北京奇良海德印刷股份有限公司

本书如有破损、缺页、装订错误，请与本社联系调换

开　　本：880mm×1230mm　　　　　1/32

字　　数：240千字　　　　　　　　印张：12

版　　次：2019年11月第1版　　　　印次：2025年6月第23次印刷

书　　号：ISBN 978-7-5168-2434-4

定　　价：69.00元